# Guide de la méthode canadienne de prévision du comportement des incendies de forêt (PCI)

## 3ème édition

S.W. Taylor
et
M.E. Alexander

Rapport spécial n° 11

Ressources naturelles Canada
Service canadien des forêts
Centre de foresterie du Nord

2018

Numéro de catalogue Fo29-34/11-2018F
ISBN 978-0-660-27338-9
ISSN 1188-7419

Première édition en anglais 1997
Troisième édition en anglais 2018
Traduction de la troisième édition en anglais 2018

Also available in English under the title: Field guide to the Canadian forest fire behavior prediction (FBP) system

Distribué par
UBC Press
A/s UTP Distribution
5201, rue Dufferin
Toronto (Ont.) M3H 5T8
Téléphone : 1-800-565-9253
Ubcpress.ca

Publié par Ressources naturelles Canada,
Service canadien des forêts, Centre de foresterie du Nord,
5320, 122e Rue
Edmonton (Alb.) T6H 3S5

Imprimé au Canada

Taylor, S.W.; Alexander, M.E. 2018.Guide de la méthode canadienne de prévision du comportement des incendies de forêt (PCI), 3ème édition, Ressour. nat. Can., Serv. can. for., Cent. for. Nord, Edmonton (Alb.), rapport spécial no 11.

## Résumé

La Méthode canadienne de prévision du comportement des incendies de forêt (PCI) est une méthode systématique permettant d'évaluer le comportement potentiel des feux de forêt. Le présent guide procure une version simplifiée de la méthode en la présentant sous forme de tableaux. Il a pour but d'aider le personnel sur le terrain à établir les premières approximations avec la méthode PCI lorsqu'il ne dispose pas de version informatisée. Les estimations quantitatives de la vitesse de propagation à la tête de l'incendie, de l'intensité, de la catégorie de l'incendie, de la distance de propagation ainsi que de la superficie, du périmètre et de la vitesse de croissance elliptiques de l'incendie sont données pour 18 types de combustibles dans cinq grandes catégories (conifères, feuillus, forêts mixtes, rémanents de coupe, herbe) comprenant la plupart des principaux types de combustibles forestiers trouvés au Canada. La méthode PCI vise à compléter, et non à remplacer, l'expérience et le jugement des gestionnaires d'incendies.

## Abstract

The Canadian Forest Fire Behavior Prediction (FBP) System is a systematic method for assessing wildland fire behavior potential. This field guide provides a simplified version of the system, presented in tabular format. It was prepared to assist field staff in making first approximations of FBP System outputs when computer-based applications are not available. Quantitative estimates of head fire spread rate, fire intensity, type of fire, and spread distance, elliptical fire area, perimeter, and perimeter growth rate are provided for eighteen fuel types within five broad groupings (coniferous, deciduous, and mixedwood forests, logging slash, and grass), covering most of the major wildland fuel types found in Canada. The FBP System is intended to supplement, not replace, the experience and judgment of fire personnel.

# Préface de la deuxième édition

La première édition en anglais du présent guide a été préparée en 1995 après un certain nombre d'incidents de risque pour la sécurité liés au comportement de feux survenus au cours de la saison des incendies de 1994. Notre intention à l'époque, et maintenant, est de procurer aux pompiers luttant contre les feux de végétation une façon simple d'estimer le comportement du feu afin d'accroître leur conscience situationnelle sur la ligne de feu lorsqu'ils ne peuvent avoir facilement recours à des aides informatiques. La première édition a été largement utilisée par les équipes de suppression et les spécialistes sur le terrain ainsi que dans le cadre de cours de formation; les tableaux sur la vitesse de propagation/l'intensité de l'incendie ont été particulièrement utiles en permettant aux utilisateurs de visualiser « où ils en sont » par rapport à la gamme de comportement potentiel du feu et des seuils de tolérance.

Les applications électroniques sur le comportement du feu ont de plus en plus d'importance sur la ligne de feu; elles continueront de devenir plus accessibles, portables et mieux liées aux prévisions météorologiques. Nous espérons que le présent manuel viendra compléter ces outils, continuera d'être une référence utile pour comprendre les prévisions du comportement du feu et la méthode PCI, en plus de procurer une aide visuelle simple pour favoriser une conscience situationnelle.

SWT et MEA

# Remerciements

La Méthode canadienne de prévision du comportement des incendies de forêt a été élaborée au cours d'une période de 25 ans (1967–1992) par le Groupe de travail sur les dangers d'incendie du Service canadien des forêts (SCF). Nous souhaitons tout particulièrement souligner la contribution (en ordre alphabétique) des personnes suivantes : A.D. Kiil, B.D. Lawson, T.J. Lynham, R.S. McAlpine, S.J. Muraro, D. Quintilio, B.J. Stocks, C.E. Van Wagner, J.D. Walker et B.M. Wotton – c'est grâce à leur dévouement et à leur engagement, ainsi qu'à celui d'un grand nombre d'employés de soutien, que la préparation du présent manuel a été possible.

La première édition en anglais du présent manuel a été compilée à la suggestion du personnel de la Forest Service Protection Branch de la Colombie-Britannique, et en partie grâce à l'aide financière de l'entente d'association Canada-Colombie-Britannique sur la mise en valeur des ressources forestières. R. Pike a contribué à la préparation de la première édition. Nous exprimons notre gratitude pour les nombreuses suggestions utiles et les commentaires sur la première édition reçus de pompiers, de spécialistes en comportement du feu et d'instructeurs.

Nous soulignons l'aide de R. Benton et K. Hogg pour la préparation de la présente édition. En outre, B. Droog, D. Finn, M. Heathcott, D. Hicks, R. Lannoville, et B. Simpson ont formulé des commentaires utiles.

Nous tenons à remercier Nathalie Lavoie, Pierre Bordeleau, Michel Theriault et Marc Parisien qui ont livré un examen détaillé de la traduction française. Leurs commentaires et suggestions ont permis d'apporter d'importantes améliorations au texte.

# Déni de responsabilité

# Référence rapide au contenu

# Table des matières

# Tableaux

# Figures

# Annexes

Rémanents

# Introduction

La Méthode canadienne de prévision du comportement des incendies de forêt (PCI) est une façon systématique d'estimer le comportement potentiel des feux de végétation. Elle renferme une série d'équations mathématiques établissant un lien entre le comportement du feu et le vent, la teneur en humidité du combustible et les conditions topographiques pour 18 types de combustibles (végétation) au Canada (Forestry Canada Fire Danger Group, 1992; Wotton et al., 2009) ainsi que d'autres interprétations pour le peuplier faux-tremble avec feuilles (Alexander, 2010).

Des applications informatiques permettent d'obtenir des prévisions complètes et précises de la méthode de PCI. Toutefois, le présent manuel peut être utilisé comme référence par des personnes ayant suivi une formation sur le comportement du feu et la méthode PCI lorsque les applications électroniques ne sont pas disponibles. Il est aussi utile pour visualiser les changements dans la classe d'intensité de l'incendie.

Les tableaux sur la vitesse de propagation du feu ($V_p$) et les classes d'intensité de l'incendie, qui sont essentiellement des « diagrammes de caractéristiques du feu » inversés (Andrews et Rothermel, 1982), sont l'élément principal du manuel. Ils permettent à l'utilisateur d'établir la vitesse de propagation, l'intensité et la catégorie d'incendie (c.-à-d., feu de surface, feu de cimes intermittent ou feu de cimes continu) en un seul coup d'œil. Les diagrammes procurent une représentation visuelle du lien entre les conditions actuelles et le comportement potentiel du feu. Ceci est particulièrement important dans les forêts de conifères où la transition d'un feu de la surface à la cime se produit dans une étroite gamme de conditions.

Des conseils additionnels sur la façon d'utiliser la méthode PCI proviennent d'autres guides (p. ex., Hirsch, 1996; Pearce et al., 2008; Kidnie et al., 2010), du matériel de formation interactif et des cours de formation. Des suggestions d'actions de suppression reposant sur la classe d'intensité de l'incendie à la tête sont également disponibles pour plusieurs types de combustibles (Alexander et De Groot, 1998; Alexander et Lanoville, 1989; Cole et Alexander, 1995).

Bien que la méthode PCI se soit avérée utile pour prendre des décisions pratiques de gestion des incendies de forêt, les utilisateurs doivent comprendre que peu importe la mesure dans laquelle un modèle est bon, il est souvent impossible de prévoir le comportement du feu avec une grande exactitude. En effet, lorsque des modèles sont utilisés, il est difficile de mesurer ou de représenter avec une grande exactitude des conditions variables de combustible (y compris la teneur en humidité du combustible) a l'échelle du paysage; par ailleurs, il est impossible de connaître l'état de l'atmosphère ou de prévoir avec une grande exactitude les conditions météorologiques à venir, comme la vitesse du vent dans la région concernée et au fil du temps. Il est plus utile d'envisager la gamme des comportements potentiels du feu au cours d'une période de prévision.

## Hypothèses

Les utilisateurs devront veiller à ne pas utiliser la méthode au-delà de sa portée utile. La méthode PCI peut être utilisée pour prévoir la propagation d'un incendie au cours d'une période de brûlage à partir d'un feu de source ponctuelle ou d'une ligne de feu avec les hypothèses suivantes :

- l'état du combustible est similaire à l'un des 18 types de combustibles de référence;

- les indices d'humidité du combustible utilisés sont représentatifs de l'état du site;

- les combustibles sont uniformes et continus, la topographie est simple et homogène, le vent est constant et unidirectionnel au cours de la période de brûlage;

- l'incendie est poussé par le vent ou par le vent et la pente, et la propagation n'est pas indûment influencée par une colonne de convection;  le vent est mesuré à découvert à 10 m ou corrigé pour cette hauteur;

- la vitesse de propagation de l'incendie se stabilise lorsque la vitesse du vent et l'indice de propagation initiale (IPI) sont élevés;

- l'incendie n'est pas sujet à des activités de suppression (brûlage libre);

- un incendie émanant d'un foyer ponctuel aura une forme elliptique dans les conditions susmentionnées;

- l'effet de la dissémination des tisons sur de courtes distances est prise en compte.

La méthode PCI repose sur l'observation de feux expérimentaux et d'incendies de forêt. Il y a très peu d'observations documentées de propagation soutenue d'un feu à des vitesses du vent supérieures à 60 km/h ou d'un IPI > 70. Par conséquent, les valeurs de $V_p$ les plus élevées indiquées dans le présent manuel correspondent plus ou moins à la limite supérieure des vitesses de propagation observées pour chaque type de combustible. Des valeurs de $V_p$ plus élevées (> 200 m/min pour les conifères et > 350 m/min pour l'herbe) pourraient être obtenues avec des vitesses de vent plus élevées et au cours de rafales.

En outre, les prévisions peuvent être faites pour des combustibles et des situations topographiques plus complexes, ou pour des conditions d'humidité du combustible ou de vent changeantes au fil du temps, en répartissant la région concernée ou la période de brûlage en portions distinctes.

## Exactitude du guide

Bien que tout ait été mis en œuvre pour assurer que le guide représente la méthode PCI avec le plus d'exactitude possible, certaines simplifications ont été faites afin de présenter d'importantes caractéristiques du comportement du feu sous forme de tableau. Le guide procurera, dans la plupart des cas, une bonne estimation de la classe d'intensité et de la catégorie de l'incendie. Les utilisateurs devraient être en mesure d'évaluer les caractéristiques de la superficie de l'incendie à ± 20 % des valeurs calculées pour une $V_p$ > 3 m/min pour la plupart des combustibles. Les estimations de la superficie des feux sont moins exactes à des $V_p$ < 3 m/min en raison de l'interpolation et des erreurs d'arrondissement; toutefois, les prévisions sont tout de même pratiques.

## Avertissement concernant le comportement du feu

Les systèmes de prévision du comportement du feu visent à aider les pompiers et les officiers à estimer le comportement potentiel du feu dans des conditions constantes – ils viennent compléter, sans toutefois remplacer, la formation, l'expérience, le bon jugement et les observations du comportement d'un feu en cours. Aucune méthode ne peut entièrement tenir compte de toutes les variables qui ont une incidence sur le comportement du feu. Par exemple, la méthode PCI ne représente pas les effets des facteurs suivants sur le comportement du feu : changements saisonniers dans la teneur en humidité de la végétation vivante du sous-étage, stabilité/instabilité atmosphérique, interactions entre la colonne de convection et l'atmosphère, ou dissémination sur de longues distances.

Les prévisions du comportement du feu sont habituellement faites pour un ensemble particulier de conditions et pourraient ne pas signaler des changements et des transitions dans le comportement du feu liés à des conditions météorologiques (voir Lawson et Armitage, 2008), topographiques ou de l'état du combustible évoluant rapidement. Les utilisateurs doivent être conscients des limites de la méthode, prévoir les transitions et prendre garde aux situations inhabituelles. Le tableau 1 présente quelques-unes de ces situations importantes dont il faut se méfier.

**Tableau 1. Conditions dont il faut se méfier et interprétations connexes du comportement du feu**

| Conditions | | Interprétations du comportement du feu |
|---|---|---|
| Conditions météorologiques | Changement de 90° dans la direction du vent | Flanc de l'incendie devenant la tête |
| | Approche d'un front froid et sec | Possibilité d'un courant-jet à basse altitude à la hauteur de la colonne de convection, augmentant la circulation convective et la propagation du feu |
| | Approche d'un orage | Possibilité de courants descendants avec accroissement de la vitesse du vent et de la $V_p$ |
| | Humidité < température (croisement) | Combustibles légers secs, augmentation de la probabilité d'allumage et de la $V_p$ |
| | Effets combinés d'une hausse de température et de la vitesse des vents et d'une baisse de l'humidité relative | Possibilité d'une propagation rapide du feu |
| | Vents de pente et de vallée | $V_p$ et intensité accrues en montant les pentes/vallées avec le réchauffement diurne, en descendant les pentes/vallées une fois la nuit tombée |
| Combustibles | Combustibles légers à découvert | Possibilité d'une vitesse de propagation initiale du feu rapide |
| | Cimes ou arbres morts | Dissémination sur de grandes distances, chutes d'arbres |
| | Changements dans le type de combustible | Changement dans la $V_p$ et l'intensité |

**Tableau 1. suite**

| Conditions | | Interprétations du comportement du feu |
|---|---|---|
| Topographie | Topographie complexe (ravins, canyons, hauts de crête) | Vents turbulents (effet d'entonnoir dans les ravins; ondes de montagnes et tourbillons de turbulence en aval de montagnes, aux crêtes) et propagation du feu |
| | Pentes raides > 50 % | Flamme près du sol et propagation rapide; débris incendiés se déplaçant vers le bas de la pente |
| Comportement du feu | Stratification de la fumée et de la brume | $V_p$ et intensité plus élevées au-dessus qu'en dessous de la couche d'inversion |
| | Augmentation de la dispersion verticale de la fumée | Dissipation de l'inversion atmosphérique : accroissement de la $V_p$ et de l'intensité |
| | Tourbillons de poussière et de feu | Instabilité à la surface, propagation erratique du feu |
| | Fumée noire au-dessus du feu de surface | Flambée en chandelle, possibilité d'une transition en feu de cimes |
| | Colonne de convection bourgeonnante | Brûlage intense, tourbillons de feu, dissémination sur de grandes distances |
| | Dissémination sur de grandes distances | Forts courants ascendants dans la colonne de convection; $V_p$ difficile à prévoir; nouveaux feux traversant les coupe-feux et les obstacles topographiques |

# Procédure de prévision du comportement du feu

Une procédure pour établir plusieurs caractéristiques clés du feu à l'aide du présent guide est donnée ci-dessous. La figure 1 présente un diagramme des procédures utilisées dans le présent guide. Il suffit de reprendre la procédure (points de prévision distincts) pour chaque type de combustible ou catégorie de pente/exposition pouvant survenir au cours de l'intervalle de temps de la prévision. Les abréviations utilisées sont données à l'annexe 1 et bon nombre des termes sont définis dans le glossaire (annexe 2). Certains facteurs de correction et de conversion sont donnés à l'annexe 3. L'annexe 4 renferme des photographies des types de combustible de la méthode

PCI. L'annexe 5 comprend un sommaire des caractéristiques de ces types de combustibles. L'annexe 6 établit un lien entre la dimension des flammes et l'intensité du feu. L'annexe 7 procure des descriptions du comportement du feu. La fiche de travail sur la prévision du comportement du feu à la fin du guide peut être utilisée pour consigner les intrants, les calculs intermédiaires et les caractéristiques du feu obtenues. Un exemple de la fiche complétée est également fourni à l'annexe 8.

Ligne no(s)

1–3      Inscrivez le **numéro ou le nom du feu**; la **date** et **l'heure** à laquelle vous réalisez la prévision; la **date** et **l'intervalle de temps** pour lesquels la prevision sera valide; ainsi le **type d'allumage** pour chaque point de prévision : allumage ponctuel (AP) à l'origine de l'incendie ou allumage linéaire (AL) lorsque le feu se propage d'une périmètre établi.

4      Sélectionnez le **type de combustible** (tableau 2) le plus approprié et inscrivez son **identifiant**. En choisissant un type de combustible, les caractéristiques physiques du complexe combustible, comme l'état du combustible de surface, la densité du peuplement et la hauteur de la base de la cime, devraient être prises en compte en plus de la composition des espèces d'arbres.

5      Consignez les **modificateurs** pertinents du type de combustibles : pour C-6 inscrivez la hauteur de la base de la cime (HBC); pour M-1 et M-2 inscrivez le pourcentage de conifères (% C); et pour M-3 et M-4, inscrivez le pourcentage de sapins baumiers morts (% Sbm).

6      Entrez l'**indice du combustible léger (ICL)** journalier normal pour la date de prévision.

         Facultatif : Des tableaux sont procurés pour calculer l'ICL journalier de jours **sans pluie**. Trouvez le tableau approprié pour la température prévue parmi les tableaux 3.1–3.6. Pour obtenir l'ICL d'aujourd'hui, repérez l'ICL de la veille dans la rangée du haut et trouvez dans cette colonne l'ICL qui correspond à l'humidité relative (HR) et à l'intervalle de vents prévus.

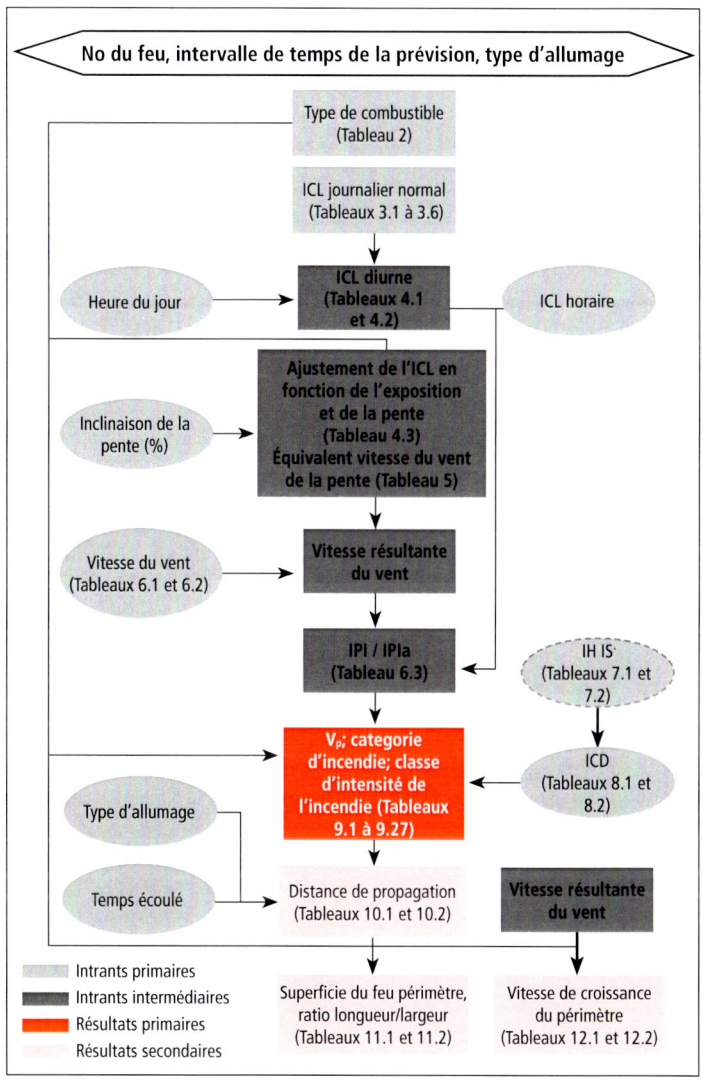

**Figure 1**. Diagramme des procédures utilisées dans le présent guide.

| 7 | Inscrivez l'**ICL horaire** (calculé avec les observations de conditions météorologiques horaires) pour la date/l'heure de la prévision, si disponible. Il est aussi possible d'établir l'**ICL diurne** pour l'heure de prévision à partir du ICL journalier normal (tableau 4.1 ou 4.2). |
|---|---|
| 8–10 | Inscrivez **le pourcentage de pente** (%) et **l'exposition** (point cardinal) représentatif du terrain que parcourera le feu à partir du point de prévision, en ne tenant pas compte des légères variations. Pour les combustibles de type rémanents et herbes, ajoutez entre parenthèses le pourcentage de pente et l'exposition du point où sont réalisées les observations météorologiques (utilisez « P » pour terrain plat) : p. ex., pourcentage de pente 50 (15); exposition S (E). Ces valeurs peuvent être utilisées pour établir un **ICL ajusté** en fonction de la topographie pour les combustibles ouverts les journées dégagées au cours des mois de mars, d'avril, d'août, de septembre ou d'octobre entre 12 h 00 et 20 h 00, heure normale locale (tableau 4.3). |
| 11 | Établissez **l'équivalent vitesse du vent de la pente** correspondant au pourcentage de pente du terrain et au type de combustible sélectionné (tableau 5). |
| 12–13 | Inscrivez la vitesse du vent mesurée, estimée ou prévue à 10 mètres à découvert pour le point de prévision. Le tableau 6.1 (échelle de Beaufort) peut être utilisé comme guide si des instruments ne sont pas disponibles. Utilisez le tableau 6.2 pour corriger les mesures prises à des hauteurs non standard. Inscrivez la vitesse du vent comme une valeur positive si le vent souffle vers le haut de la pente (p. ex., 23 km/h) ou comme une valeur négative si le vent souffle vers le bas de la pente (p. ex., -3 km/h). Établissez la vitesse résultante du vent (c.-à-d., vitesse du vent à découvert à 10 m + équivalent vitesse du vent de la pente). Si le vent souffle vers le bas de la pente, le résultat pourrait être positif ou négatif. Notez que si la vitesse résultante du vent est négative, selon la prévision, le feu se propage vers le bas de la pente.

Facultatif : L'interaction entre les effets du vent et des pentes sur la vitesse résultante du vent et l'azimut de propagation peut être estimée graphiquement en réalisant une addition de vecteurs |

(figure 2) lorsque le vent souffle A) vers le haut d'une pente, B) vers le bas d'une pente et C) en travers de la pente. Dans chaque cas :

i) Tracez le vecteur représentant la vitesse du vent d'une longueur proportionnelle à la vitesse du vent à 10 m et orienté selon l'azimuth approprié (pointant vers où le vent souffle).

ii) À partir de l'origine du vecteur de la vitesse du vent, tracer un vecteur d'une longueur proportionnelle à l'équivalent vitesse du vent de la pente orienté vers le haut de la pente. Conserver la même échelle que pour le vecteur du vent.

iii) En commençant à l'origine du vecteur de la vitesse du vent, tracez la ligne complétant le triangle. Vous obtenez le vecteur de la en vitesse résultante du vent. Mesurez la longueur du vecteur et convertissez-la en vitesse du vent (km/h) selon l'échelle de conversion utilisée, et mesurez l'azimut de propagation. Dans la figure 2 C i) l'équivalent vitesse du vent est de 10 km/h; l'azimut du vent, de 80° ii) l'équivalent vitesse du vent de la pente, de 4 km/h; l'azimut de la pente, de 360°, iii) la vitesse résultante du vent, de 11,2 km/h; l'azimut de propagation, de 62°.

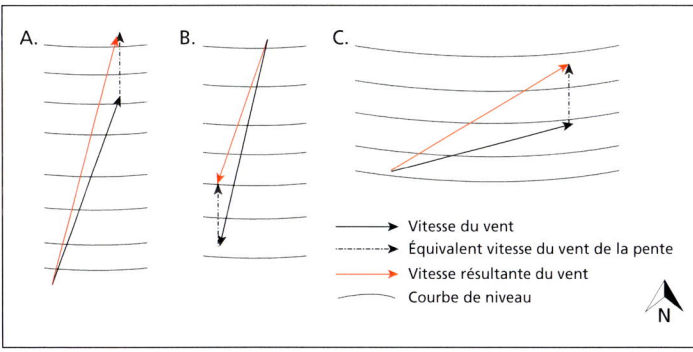

**Figure 2. Procédure d'addition de vecteurs pour estimer la vitesse résultante du vent et l'azimut de propagation lorsque le vent souffle A) vers le haut de la pente, B) vers le bas de la pente et C) au travers de la pente.**

14    Trouvez l'**indice de propagation initiale (IPI) à la tête et à l'arrière de l'incendie** avec l'ICL et la vitesse résultante du vent (tableau 6.3).

15    Inscrivez l'**indice du combustible disponible (ICD)** de la station de météorologique forestière la plus représentative pour la date de la prévision ou le **degré de fanage** (%) pour les types de combustibles O-1.

      Facultatif : L'**ICD** d'aujourd'hui peut être calculé (jours sans pluie) à l'aide des tableaux 7.1, 7.2, 8.1 et 8.2. Cherchez les facteurs de dessèchement de l'**IH** et de l'**IS** pour les conditions météorologiques et le mois appropriés dans les tableaux 7.1 et 7.2. Ajoutez les facteurs de dessèchement à l'IH et à l'IS de la veille pour trouver l'IH et l'IS d'aujourd'hui. Cherchez l'ICD d'aujourd'hui dans les tableaux 8.1 et 8.2. Pour les jours de pluie, utilisez une application informatique ou la série complète des tableaux du **système de l'indice forêt-météo** (CFS, 1984).

16–20  En fonction du type de combustible identifié pour chaque point de prévision, trouvez la **vitesse de propagation à l'équilibre**, la **classe d'intensité de l'incendie**, la **catégorie d'incendie** et la **fraction consommée des cimes (FCC)** à la tête et à l'arrière de l'incendie (selon le cas) avec l'IPI à la tête et à l'arrière et l'ICD ou le degré de fanage (tableaux 9.1–9.27). L'**$ICD_0$** (l'ICD standard présumé dans le modèle de la $V_p$ et montré comme valeur encadrée dans le titre de la colonne sur l'ICD) peut être utilisé si l'ICD est inconnu. La zone ombrée à l'arrière-plan dans les tableaux indique la classe d'intensité du feu. La catégorie d'incendie est indiquée comme suit :

| Nombres noirs | feu de surface avec | < 10 % FCC |
| Nombres noirs avec * | feu de cimes continu avec | 10–89 % FCC |
| Nombres blancs | feu de cimes continu avec | ≥ 90 % FCC |

Consignez la catégorie d'incendie comme suit : **S (feu de surface)**, **IC (feu de cimes continu)**, ou **CC (feu de cimes**

**continu)**. La vitesse de propagation soulignée dans la catégorie d'incendie de cimes intermittent indique une fraction consumée des cimes (FCC) de 50 %. Pour les feux de surface (S), inscrivez la FCC à < 10 %; pour les feux de cimes continus, inscrivez ≥90 % de FCC; et pour les feux de cimes intermittents, sélectionnez le niveau de FCC le plus près : 10, 50 ou 90 %.

21–24    Inscrivez le **temps écoulé** correspondant à la durée l'intervalle du temps de la prévision. Établissez la **distance de propagation à la tête**, la **distance de propagation à l'arrière** et la **distance de propagation totale** (distances à la tête + à l'arrière) avec le tableau 10.1 ou 10.2. Les distances sont données pour trois fonctions de propagation :

- $V_p$ à l'équilibre : tous les types de combustibles

- $V_p$ avec accélération : types de combustibles ouverts et feux de surface dans les types de combustibles fermés (< 10 % FCC)

- $V_p$ avec accélération : feux de cimes dans les types de combustibles fermés (50 % ou 90 % FCC)

Utilisez la fonction de la $V_p$ à l'équilibre pour les feux se propageant à partir d'un périmètre actif ou d'un autre allumage linéaire (AL). Utilisez la fonction d'accélération pour les feux se propageant à partir d'un allumage ponctuel (AP). Établissez la distance de propagation à l'arrière du feu seulement s'il n'y a aucun obstacle pour ce type de propagation.

Dans le tableau 10.1, signalons que la colonne 5 min établit une zone de risque extrême [aussi appelée zone de la mort (dead men zone)] si la direction du vent venait à changer et qu'un flanc du feu devenait la tête.

Signalons que lorsque le temps écoulé correspond au temps requis pour une évacuation ou un retrait tactique (incluant une marge de sécurité), les valeurs du tableau représentent la distance aux points critiques.

25–27 Pour les feux débutant d'une source ponctuelle, établissez la **superficie du feu elliptique**, le **périmètre du feu elliptique** et le **rapport de la longueur (L) à la largeur (l) (L/l)** avec la distance de propagation totale (tête + arrière) et la vitesse résultante du vent au cours de l'intervalle de prévision (tableau 11.1 ou 11. 2). On obtient la largeur maximale d'un feu de forme elliptique en divisant la distance de propagation totale par le ratio L/l.

28 **La vitesse de croissance du périmètre** peut être établie avec la somme de la $V_p$ du feu à la tête et à l'arrière et la vitesse résultante du vent dans le tableau 12.1 ou 12.2. Des valeurs sont données pour les combustibles de type forêt/rémanents et herbe.

29 Facultatif : **La vitesse de propagation sur les flancs** d'un feu peut être établie avec la somme de la $V_p$ du feu à la tête et à l'arrière et la vitesse résultante du vent dans le tableau 13.

## Procédures de cartographie du feu

Les procédures ci-dessous peuvent être utilisées pour réaliser des cartes et les premières estimations initiales de la taille et du périmètre d'un feu pour une seule ou plusieurs périodes de brûlage lorsque les modèles de simulation de la croissance du feu ne sont pas accessibles[1]. Utilisez les procédures les plus pertinentes parmi les scénarios A-C en comparant votre situation à la figure 3.

**A.** *Propagation à partir d'une source d'allumage ponctuelle au cours d'une période de brûlage*

1) Convertissez la distance (m) de propagation totale (à la tête et à

---

[1] Le modèle de croissance elliptique d'un feu a été utilisé principalement pour estimer la superficie du feu pour une seule période de brûlage (p. ex., Rothermel, 1991). Étant donné que les hypothèses du modèle sont remises en question avec la superficie grandissante du feu, des modèles de simulation informatiques, comme Prometheus (Tymstra et al., 2010), ont été élaborés pour prévoir la croissance du feu au cours de périodes de brûlage plus longues et multiples dans des situations de terrains et de combustibles complexes. Toutefois, il est souvent nécessaire d'évaluer rapidement la croissance potentielle du feu, non seulement pour le jour actuel, mais au cours de plusieurs périodes de brûlage éventuelles, et de simples méthodes de cartographie peuvent procurer des premières approximations utiles.

l'arrière) à une distance cartographique (cm) en la divisant par le dénominateur de l'échelle métrique de la carte, puis en la multipliant par 100 (p. ex., une distance de propagation de 1 000 m sur une carte ayant une échelle de 1:50 000 est de 1 000 m/50 000 X 100 = 2 cm).

2) Calculez la distance de propagation sur les flancs du feu en divisant la distance de propagation totale par le ratio L/l.

3) Tracez les distances à la tête et à l'arrière du feu à partir du point d'allumage selon l'azimut de propagation approprié – les extrémités de cet axe sont les sommets, et le point milieu est le centre de l'ellipse. S'il n'y a aucun effet de pente, l'azimut de propagation est la direction du vent + 180 ° (pour la DV ≤ 180 °) et la direction du vent – 180 ° (pour la DV > 180 °).

4) Tracez la distance de propagation sur les flancs du feu en la distribuant également de part et d'autres du centre; les points finaux de cet axe sont les cosommets.

5) Tracez le périmètre reliant les sommets et les cosommets.

## B. *Propagation au cours de multiples périodes de brûlage dans une direction constante*

Si la direction prévue de la propagation est la même pour des intervalles successifs, les distances de propagation sont alors cumulatives. Tracez les distances de propagation successives à la tête et à l'arrière du feu à partir des sommets de l'ellipse précédente, comme on le montre en (B). Établissez la distance de propagation totale (largeur de l'ellipse) sur les flancs du feu pour chaque intervalle en divisant la distance de propagation cumulative totale au cours de tous les intervalles par le ratio L/l; tracez la distance de propagation sur les flancs en la distribuant également de part et d'autre du centre de la nouvelle ellipse (point moyen du demi-axe de propagation totale au front et à l'arrière).

Le périmètre et la superficie après chaque intervalle peuvent être établis en utilisant la distance de propagation cumulative totale dans les tableaux 11.1 et 11.2 ainsi que le ratio L/l le plus représentatif. Dans le cas particulier où la $V_p$ est constante au cours de chaque période de brûlage, la longueur du périmètre du feu augmente linéairement en suivant les séries 1, 2, 3, etc., et la taille (superficie) du feu augmente suivant la série 1:4:9:16, etc. au cours d'intervalles égaux (p. ex., le périmètre du feu sera deux fois plus long et la superficie brûlée sera quatre fois plus large après la deuxième période de brûlage par rapport à la première).

**C.** ***Propagation au cours de périodes multiples avec changements dans la direction de propagation***

1) Pour la période suivant un changement de direction de propagation, tracez trois ellipses représentant la propagation à la tête du feu parallèlement à la nouvelle direction de la propagation : une à chaque sommet (tête et arrière du feu) et une au cosommet (flanc) du côté sous le vent, comme on le montre à (C). C'est une simplification des méthodes utilisées dans les modèles de simulation de la croissance, comme Prometheus.

2) Tracez la distance de propagation à l'arrière à partir du flanc maintenant au vent (désormais l'arrière du feu).

3) Tracez le nouveau périmètre du feu telle une enveloppe convexe englobant toutes les ellipses. (Imaginez une bande élastique étirée autour des ellipses.) La longueur du périmètre et la superficie doivent être estimées à l'aide d'outils cartographiques (p. ex., grille à point) de la manière suivante :

Longueur (m) = distance sur la carte (cm) X dénominateur de l'échelle de la carte/100 (p. ex., pour une échelle de 1/50 000, 10 cm X 50 000/100 = 5 000 m); Superficie (ha) = surface de la carte ($cm^2$) x (dénominateur de l'échelle de la carte /10 000)$^2$ (p. ex.,  pour une échelle de 1/50 000, 10 $cm^2$ x (50 000/10 000)$^2$ = 250 ha.

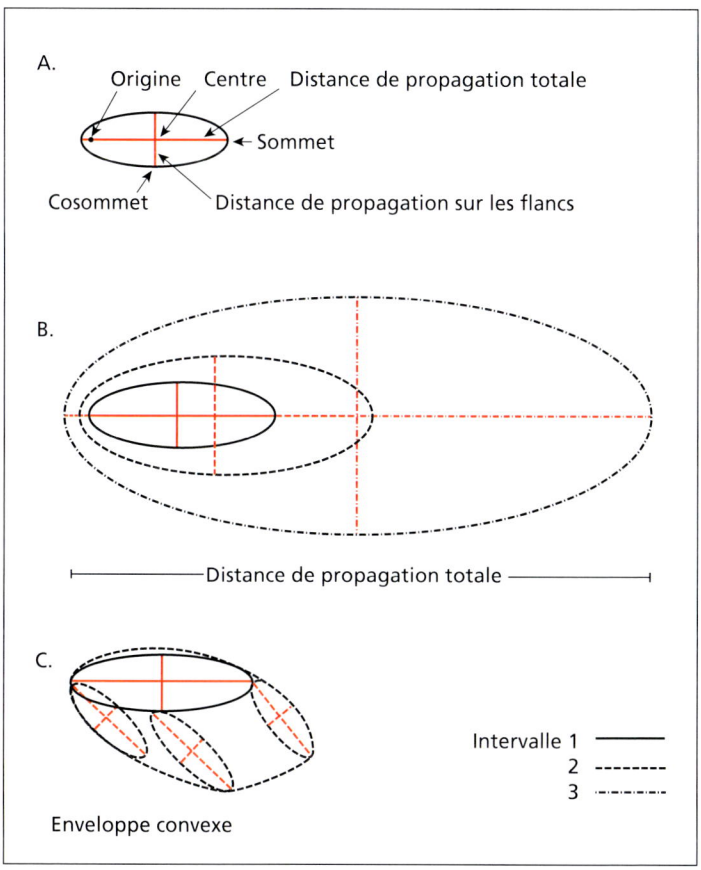

A.

Origine   Centre   Distance de propagation totale

← Sommet

Cosommet   Distance de propagation sur les flancs

B.

Distance de propagation totale

C.

Intervalle 1 ——
2 --------
3 –·–·–·–

Enveloppe convexe

Figure 3. Scénarios simplifiés de croissance du feu.

## Tableau 2. Types de combustibles de la méthode PCI

| Groupe/ Identifiant | Nom descriptif | Ouverture |
|---|---|---|
| **Conifères (C)** | | |
| C-1 | Pessière à lichens | Ouvert |
| C-2 | Pessière boréale | Fermé[a] |
| C-3 | Pins gris ou pins tordus à maturité | Fermé |
| C-4 | Jeunes pins gris ou pins tordus | Fermé |
| C-5 | Pins rouges et pins blancs | Fermé |
| C-6[b] | Plantation de conifères | Fermé |
| C-7 | Pins ponderosas et douglas taxifoliés | Fermé[a] |
| **Feuillus (D)** | | |
| D-1 | Peupliers faux-trembles sans feuilles | Ouvert |
| D-2 | Peupliers faux-trembles avec feuilles | Ouvert |
| **Forêts mixtes (M)** | | |
| M-1[c] | Forêt boréale mixte sans feuilles | Fermé |
| M-2[c] | Forêt boréale mixte avec feuilles | Fermé |
| M-3[d] | Forêt mixte avec sapins baumiers morts, sans feuilles | Fermé |
| M-4[d] | Forêt mixte avec sapins baumiers morts, avec feuilles | Fermé |
| **Ouvert** | | |
| O-1a[e] | Herbes aplaties | Ouvert |
| O-1b[e] | Herbes sur pied | Ouvert |
| **Rémanents (S)** | | |
| S-1 | Rémanents de pins gris ou de pins tordus | Ouvert |
| S-2 | Rémanents d'épinettes blanches/de sapins baumiers | Ouvert |
| S-3 | Rémanents de thuyas, de pruches et de douglas côtiers | Ouvert |

[a]C-2 et C-7 sont considérés être ouverts si la fermeture du couvert est < 50 %.
[b]La hauteur de la base de la cime peut varier (voir les tableaux 9.6 et 9.7).
[c]L'utilisateur doit préciser le pourcentage de la composition en conifères (pour M-1, voir les tableaux 9.11, 9.12 et 9.13; pour M-2, voir les tableaux 9.14, 9.15 et 9.16).
[d]L'utilisateur doit préciser le pourcentage de sapins baumiers morts (pour M-3, voir les tableaux 9.17, 9.18 et 9.19; pour M-4, voir les tableaux 9.20, 9.21 et 9.22.).
[e]L'utilisateur doit préciser le degré de fanage et peut préciser la charge du combustible.

**Tableau 3.1.**

# ICL journalier

10,5–15 °C

## ICL de la veille

| HR (%) | Vent (km/h) | 80 | 81 | 82 | 83 | 84 | 85 | 86 | 87 | 88 | 89 | 90 | 91 | 92 | 93 | 94 | 95 | 96 | 97 | 98 | 99 |
|---|---|---|---|---|---|---|---|---|---|---|---|---|---|---|---|---|---|---|---|---|---|
| 0–10 | 0–3 | 91 | 91 | 92 | 92 | 93 | 93 | 93 | 94 | 94 | 94 | 95 | 95 | 95 | 96 | 96 | 96 | 97 | 97 | 98 | 99 |
|  | 4–13 | 92 | 93 | 93 | 93 | 93 | 94 | 94 | 94 | 95 | 95 | 95 | 95 | 96 | 96 | 96 | 97 | 97 | 97 | 98 | 99 |
|  | 14+ | 93 | 94 | 94 | 94 | 94 | 95 | 95 | 95 | 95 | 95 | 96 | 96 | 96 | 96 | 97 | 97 | 97 | 97 | 98 | 99 |
| 11–18 | 0–3 | 89 | 89 | 90 | 90 | 90 | 91 | 91 | 91 | 92 | 92 | 92 | 93 | 93 | 94 | 94 | 95 | 96 | 96 | 97 | 98 |
|  | 4–13 | 90 | 90 | 90 | 91 | 91 | 91 | 92 | 92 | 92 | 92 | 93 | 93 | 93 | 94 | 94 | 95 | 96 | 96 | 97 | 97 |
|  | 14+ | 91 | 91 | 91 | 91 | 92 | 92 | 92 | 92 | 93 | 93 | 93 | 93 | 93 | 94 | 94 | 95 | 95 | 96 | 96 | 97 |
| 19–28 | 0–3 | 87 | 88 | 88 | 88 | 89 | 89 | 89 | 90 | 90 | 91 | 91 | 91 | 92 | 93 | 94 | 94 | 95 | 95 | 96 | 96 |
|  | 4–13 | 88 | 88 | 89 | 89 | 89 | 90 | 90 | 90 | 90 | 91 | 91 | 91 | 92 | 93 | 93 | 94 | 94 | 95 | 95 | 96 |
|  | 14+ | 89 | 89 | 89 | 90 | 90 | 90 | 90 | 90 | 91 | 91 | 91 | 91 | 92 | 93 | 93 | 94 | 94 | 94 | 95 | 95 |
| 29–38 | 0–3 | 86 | 86 | 86 | 87 | 87 | 88 | 88 | 88 | 89 | 89 | 90 | 91 | 91 | 92 | 92 | 93 | 93 | 94 | 94 | 95 |
|  | 4–13 | 86 | 87 | 87 | 87 | 88 | 88 | 88 | 89 | 89 | 89 | 90 | 91 | 91 | 92 | 92 | 92 | 93 | 93 | 94 | 94 |
|  | 14+ | 87 | 87 | 88 | 88 | 88 | 88 | 89 | 89 | 89 | 89 | 90 | 91 | 91 | 91 | 92 | 92 | 92 | 93 | 93 | 93 |
| 39–49 | 0–3 | 84 | 85 | 85 | 86 | 86 | 86 | 87 | 87 | 88 | 88 | 89 | 90 | 90 | 91 | 91 | 92 | 92 | 93 | 93 | 93 |
|  | 4–13 | 85 | 85 | 86 | 86 | 86 | 87 | 87 | 87 | 88 | 88 | 89 | 90 | 90 | 90 | 91 | 91 | 91 | 92 | 92 | 92 |
|  | 14+ | 85 | 86 | 86 | 86 | 86 | 87 | 87 | 87 | 88 | 88 | 89 | 89 | 90 | 90 | 90 | 91 | 91 | 91 | 91 | 92 |
| 50–61 | 0–3 | 83 | 83 | 84 | 84 | 85 | 85 | 86 | 87 | 87 | 88 | 88 | 89 | 89 | 89 | 90 | 90 | 91 | 91 | 91 | 92 |
|  | 4–13 | 83 | 84 | 84 | 84 | 85 | 85 | 86 | 87 | 87 | 88 | 88 | 88 | 89 | 89 | 89 | 89 | 90 | 90 | 90 | 91 |
|  | 14+ | 84 | 84 | 84 | 85 | 85 | 85 | 86 | 87 | 87 | 88 | 88 | 88 | 88 | 88 | 89 | 89 | 89 | 89 | 90 | 90 |
| 62–73 | 0–3 | 82 | 82 | 83 | 83 | 84 | 85 | 85 | 86 | 86 | 86 | 87 | 87 | 87 | 88 | 88 | 89 | 89 | 89 | 90 | 90 |
|  | 4–13 | 82 | 82 | 83 | 83 | 84 | 85 | 85 | 85 | 86 | 86 | 86 | 87 | 87 | 87 | 87 | 88 | 88 | 88 | 89 | 89 |
|  | 14+ | 82 | 83 | 83 | 83 | 84 | 85 | 85 | 85 | 86 | 86 | 86 | 86 | 86 | 87 | 87 | 87 | 87 | 87 | 88 | 88 |
| 74–84 | 0–3 | 80 | 81 | 82 | 83 | 83 | 83 | 84 | 84 | 84 | 85 | 85 | 85 | 86 | 86 | 86 | 87 | 87 | 87 | 88 | 88 |
|  | 4–13 | 80 | 81 | 82 | 83 | 83 | 83 | 83 | 84 | 84 | 84 | 84 | 85 | 85 | 85 | 85 | 86 | 86 | 86 | 86 | 87 |
|  | 14+ | 81 | 81 | 82 | 83 | 83 | 83 | 83 | 83 | 84 | 84 | 84 | 84 | 84 | 85 | 85 | 85 | 85 | 85 | 86 | 86 |
| 85–93 | 0–3 | 80 | 80 | 80 | 81 | 81 | 81 | 82 | 82 | 82 | 83 | 83 | 83 | 83 | 84 | 84 | 84 | 85 | 85 | 85 | 85 |
|  | 4–13 | 80 | 80 | 80 | 80 | 81 | 81 | 81 | 81 | 82 | 82 | 82 | 82 | 83 | 83 | 83 | 83 | 83 | 84 | 84 | 84 |
|  | 14+ | 80 | 80 | 80 | 80 | 80 | 81 | 81 | 81 | 81 | 81 | 81 | 82 | 82 | 82 | 82 | 82 | 83 | 83 | 83 | 83 |
| 94–100 | 0–3 | 77 | 77 | 77 | 78 | 78 | 78 | 79 | 79 | 79 | 79 | 80 | 80 | 80 | 81 | 81 | 81 | 81 | 82 | 82 | 82 |
|  | 4–13 | 76 | 77 | 77 | 77 | 77 | 78 | 78 | 78 | 79 | 79 | 79 | 79 | 79 | 79 | 80 | 80 | 80 | 80 | 81 | 81 |
|  | 14+ | 76 | 76 | 77 | 77 | 77 | 77 | 77 | 77 | 78 | 78 | 78 | 78 | 78 | 78 | 79 | 79 | 79 | 79 | 79 | 79 |

Les nombres en rouge indiquent que les combustibles légers sèchent. Les nombres en noir indiquent que les combustibles légers sont stables ou qu'ils s'humidifient.

**Tableau 3.2.**

# ICL journalier  $\qquad$ 15,5–20 °C

### ICL de la veille

| HR (%) | Vent (km/h) | 80 | 81 | 82 | 83 | 84 | 85 | 86 | 87 | 88 | 89 | 90 | 91 | 92 | 93 | 94 | 95 | 96 | 97 | 98 | 99 |
|---|---|---|---|---|---|---|---|---|---|---|---|---|---|---|---|---|---|---|---|---|---|
| 0–10 | 0–3 | 92 | 93 | 93 | 93 | 94 | 94 | 94 | 95 | 95 | 95 | 95 | 96 | 96 | 96 | 97 | 97 | 97 | 97 | 98 | 99 |
|  | 4–13 | 94 | 94 | 94 | 94 | 95 | 95 | 95 | 95 | 96 | 96 | 96 | 96 | 96 | 97 | 97 | 97 | 97 | 97 | 98 | 99 |
|  | 14+ | 95 | 95 | 95 | 95 | 95 | 96 | 96 | 96 | 96 | 96 | 96 | 97 | 97 | 97 | 97 | 97 | 97 | 97 | 98 | 99 |
| 11–18 | 0–3 | 90 | 91 | 91 | 91 | 91 | 92 | 92 | 92 | 93 | 93 | 93 | 94 | 94 | 94 | 94 | 95 | 96 | 97 | 97 | 98 |
|  | 4–13 | 91 | 92 | 92 | 92 | 92 | 92 | 93 | 93 | 93 | 93 | 94 | 94 | 94 | 94 | 94 | 95 | 96 | 96 | 97 | 97 |
|  | 14+ | 92 | 92 | 92 | 93 | 93 | 93 | 93 | 93 | 93 | 94 | 94 | 94 | 94 | 94 | 94 | 95 | 96 | 96 | 96 | 96 |
| 19–28 | 0–3 | 88 | 89 | 89 | 89 | 90 | 90 | 90 | 91 | 91 | 91 | 92 | 92 | 92 | 93 | 94 | 94 | 95 | 95 | 96 | 97 |
|  | 4–13 | 89 | 90 | 90 | 90 | 90 | 91 | 91 | 91 | 91 | 92 | 92 | 92 | 92 | 93 | 94 | 94 | 95 | 95 | 95 | 96 |
|  | 14+ | 90 | 90 | 90 | 91 | 91 | 91 | 91 | 91 | 92 | 92 | 92 | 92 | 92 | 93 | 94 | 94 | 94 | 95 | 95 | 95 |
| 29–38 | 0–3 | 87 | 87 | 87 | 88 | 88 | 88 | 89 | 89 | 89 | 90 | 90 | 91 | 91 | 92 | 93 | 93 | 94 | 94 | 94 | 95 |
|  | 4–13 | 88 | 88 | 88 | 88 | 89 | 89 | 89 | 89 | 90 | 90 | 90 | 91 | 92 | 92 | 92 | 93 | 93 | 93 | 94 | 94 |
|  | 14+ | 88 | 88 | 89 | 89 | 89 | 89 | 89 | 90 | 90 | 90 | 90 | 91 | 92 | 92 | 92 | 92 | 93 | 93 | 93 | 93 |
| 39–49 | 0–3 | 85 | 86 | 86 | 86 | 87 | 87 | 87 | 88 | 88 | 89 | 90 | 90 | 91 | 91 | 91 | 92 | 92 | 93 | 93 | 93 |
|  | 4–13 | 86 | 86 | 86 | 87 | 87 | 87 | 88 | 88 | 88 | 89 | 90 | 90 | 90 | 91 | 91 | 91 | 92 | 92 | 92 | 92 |
|  | 14+ | 87 | 87 | 87 | 87 | 87 | 88 | 88 | 88 | 88 | 89 | 90 | 90 | 90 | 90 | 91 | 91 | 91 | 91 | 91 | 92 |
| 50–61 | 0–3 | 84 | 84 | 84 | 85 | 85 | 86 | 86 | 87 | 88 | 88 | 88 | 89 | 89 | 90 | 90 | 90 | 90 | 91 | 91 | 91 |
|  | 4–13 | 84 | 85 | 85 | 85 | 86 | 86 | 86 | 87 | 88 | 88 | 88 | 89 | 89 | 89 | 89 | 90 | 90 | 90 | 90 | 90 |
|  | 14+ | 85 | 85 | 85 | 85 | 86 | 86 | 86 | 87 | 88 | 88 | 88 | 88 | 88 | 89 | 89 | 89 | 89 | 89 | 90 | 90 |
| 62–73 | 0–3 | 82 | 83 | 83 | 84 | 84 | 85 | 86 | 86 | 86 | 87 | 87 | 87 | 88 | 88 | 88 | 88 | 89 | 89 | 89 | 90 |
|  | 4–13 | 83 | 83 | 83 | 84 | 84 | 85 | 86 | 86 | 86 | 86 | 87 | 87 | 87 | 87 | 87 | 87 | 88 | 88 | 88 | 89 |
|  | 14+ | 83 | 83 | 84 | 84 | 84 | 85 | 86 | 86 | 86 | 86 | 86 | 87 | 87 | 87 | 87 | 87 | 87 | 88 | 88 | 88 |
| 74–84 | 0–3 | 81 | 81 | 82 | 83 | 83 | 84 | 84 | 84 | 85 | 85 | 85 | 85 | 86 | 86 | 86 | 86 | 87 | 87 | 87 | 87 |
|  | 4–13 | 81 | 81 | 82 | 83 | 83 | 84 | 84 | 84 | 84 | 84 | 85 | 85 | 85 | 85 | 85 | 86 | 86 | 86 | 86 | 86 |
|  | 14+ | 81 | 81 | 82 | 83 | 83 | 84 | 84 | 84 | 84 | 84 | 84 | 84 | 85 | 85 | 85 | 85 | 85 | 85 | 85 | 86 |
| 85–93 | 0–3 | 80 | 80 | 81 | 81 | 81 | 81 | 82 | 82 | 82 | 82 | 83 | 83 | 83 | 83 | 84 | 84 | 84 | 84 | 85 | 85 |
|  | 4–13 | 80 | 80 | 81 | 81 | 81 | 81 | 81 | 82 | 82 | 82 | 82 | 82 | 82 | 83 | 83 | 83 | 83 | 83 | 83 | 84 |
|  | 14+ | 80 | 80 | 80 | 81 | 81 | 81 | 81 | 81 | 81 | 81 | 82 | 82 | 82 | 82 | 82 | 82 | 82 | 82 | 83 | 83 |
| 94–100 | 0–3 | 77 | 77 | 77 | 78 | 78 | 78 | 78 | 79 | 79 | 79 | 79 | 80 | 80 | 80 | 80 | 81 | 81 | 81 | 81 | 81 |
|  | 4–13 | 77 | 77 | 77 | 77 | 77 | 78 | 78 | 78 | 78 | 79 | 79 | 79 | 79 | 79 | 79 | 79 | 79 | 80 | 80 | 80 |
|  | 14+ | 77 | 77 | 77 | 77 | 77 | 77 | 77 | 77 | 78 | 78 | 78 | 78 | 78 | 78 | 78 | 78 | 79 | 79 | 79 | 79 |

Les nombres en rouge indiquent que les combustibles légers sèchent. Les nombres en noir indiquent que les combustibles légers sont stables ou qu'ils s'humidifient.

**Tableau 3.3.**

# ICL journalier          20,5–25 °C

## ICL de la veille

| HR (%) | Vent (km/h) | 80 | 81 | 82 | 83 | 84 | 85 | 86 | 87 | 88 | 89 | 90 | 91 | 92 | 93 | 94 | 95 | 96 | 97 | 98 | 99 |
|---|---|---|---|---|---|---|---|---|---|---|---|---|---|---|---|---|---|---|---|---|---|
| 0–10 | 0–3 | 94 | 94 | 94 | 95 | 95 | 95 | 95 | 96 | 96 | 96 | 96 | 97 | 97 | 97 | 97 | 97 | 98 | 98 | 98 | 99 |
|  | 4–13 | 95 | 95 | 95 | 96 | 96 | 96 | 96 | 96 | 96 | 97 | 97 | 97 | 97 | 97 | 97 | 98 | 98 | 98 | 98 | 99 |
|  | 14+ | 96 | 96 | 96 | 96 | 96 | 97 | 97 | 97 | 97 | 97 | 97 | 97 | 98 | 98 | 98 | 98 | 98 | 98 | 98 | 99 |
| 11–18 | 0–3 | 92 | 92 | 92 | 92 | 93 | 93 | 93 | 93 | 94 | 94 | 94 | 94 | 95 | 95 | 95 | 95 | 96 | 97 | 97 | 98 |
|  | 4–13 | 93 | 93 | 93 | 93 | 93 | 94 | 94 | 94 | 94 | 94 | 94 | 95 | 95 | 95 | 95 | 95 | 96 | 97 | 97 | 98 |
|  | 14+ | 94 | 94 | 94 | 94 | 94 | 94 | 94 | 94 | 94 | 94 | 95 | 95 | 95 | 95 | 95 | 95 | 96 | 97 | 97 | 97 |
| 19–28 | 0–3 | 90 | 90 | 90 | 91 | 91 | 91 | 91 | 92 | 92 | 92 | 92 | 93 | 93 | 93 | 94 | 95 | 95 | 96 | 96 | 97 |
|  | 4–13 | 91 | 91 | 91 | 91 | 92 | 92 | 92 | 92 | 92 | 92 | 93 | 93 | 93 | 93 | 94 | 95 | 95 | 95 | 96 | 96 |
|  | 14+ | 91 | 92 | 92 | 92 | 92 | 92 | 92 | 92 | 92 | 93 | 93 | 93 | 93 | 93 | 94 | 95 | 95 | 95 | 95 | 96 |
| 29–38 | 0–3 | 88 | 88 | 89 | 89 | 89 | 89 | 90 | 90 | 90 | 90 | 91 | 91 | 92 | 93 | 93 | 93 | 94 | 94 | 95 | 95 |
|  | 4–13 | 89 | 89 | 89 | 89 | 90 | 90 | 90 | 90 | 90 | 91 | 91 | 91 | 92 | 93 | 93 | 93 | 93 | 94 | 94 | 94 |
|  | 14+ | 90 | 90 | 90 | 90 | 90 | 90 | 90 | 90 | 91 | 91 | 91 | 91 | 92 | 93 | 93 | 93 | 93 | 93 | 93 | 94 |
| 39–49 | 0–3 | 86 | 87 | 87 | 87 | 88 | 88 | 88 | 88 | 89 | 89 | 90 | 91 | 91 | 91 | 92 | 92 | 92 | 93 | 93 | 93 |
|  | 4–13 | 87 | 87 | 88 | 88 | 88 | 88 | 88 | 89 | 89 | 89 | 90 | 91 | 91 | 91 | 92 | 92 | 92 | 92 | 92 | 92 |
|  | 14+ | 88 | 88 | 88 | 88 | 88 | 88 | 89 | 89 | 89 | 89 | 90 | 91 | 91 | 91 | 91 | 91 | 91 | 92 | 92 | 92 |
| 50–61 | 0–3 | 85 | 85 | 85 | 86 | 86 | 86 | 87 | 87 | 88 | 89 | 89 | 89 | 89 | 90 | 90 | 90 | 91 | 91 | 91 | 91 |
|  | 4–13 | 85 | 86 | 86 | 86 | 86 | 86 | 87 | 87 | 88 | 89 | 89 | 89 | 89 | 89 | 90 | 90 | 90 | 90 | 90 | 90 |
|  | 14+ | 86 | 86 | 86 | 86 | 86 | 87 | 87 | 87 | 88 | 89 | 89 | 89 | 89 | 89 | 89 | 89 | 89 | 90 | 90 | 90 |
| 62–73 | 0–3 | 83 | 83 | 84 | 84 | 85 | 85 | 86 | 87 | 87 | 87 | 87 | 88 | 88 | 88 | 88 | 88 | 89 | 89 | 89 | 89 |
|  | 4–13 | 83 | 84 | 84 | 84 | 85 | 85 | 86 | 87 | 87 | 87 | 87 | 87 | 87 | 88 | 88 | 88 | 88 | 88 | 88 | 88 |
|  | 14+ | 84 | 84 | 84 | 84 | 85 | 85 | 86 | 86 | 87 | 87 | 87 | 87 | 87 | 87 | 87 | 87 | 87 | 88 | 88 | 88 |
| 74–84 | 0–3 | 81 | 82 | 82 | 83 | 84 | 84 | 84 | 85 | 85 | 85 | 85 | 86 | 86 | 86 | 86 | 86 | 87 | 87 | 87 | 87 |
|  | 4–13 | 82 | 82 | 82 | 83 | 84 | 84 | 84 | 84 | 85 | 85 | 85 | 85 | 85 | 85 | 86 | 86 | 86 | 86 | 86 | 86 |
|  | 14+ | 82 | 82 | 82 | 83 | 84 | 84 | 84 | 84 | 84 | 85 | 85 | 85 | 85 | 85 | 85 | 85 | 85 | 85 | 85 | 86 |
| 85–93 | 0–3 | 80 | 81 | 81 | 81 | 82 | 82 | 82 | 82 | 82 | 83 | 83 | 83 | 83 | 83 | 83 | 84 | 84 | 84 | 84 | 84 |
|  | 4–13 | 80 | 81 | 81 | 81 | 81 | 81 | 82 | 82 | 82 | 82 | 82 | 82 | 82 | 83 | 83 | 83 | 83 | 83 | 83 | 83 |
|  | 14+ | 80 | 81 | 81 | 81 | 81 | 81 | 81 | 81 | 82 | 82 | 82 | 82 | 82 | 82 | 82 | 82 | 82 | 82 | 82 | 83 |
| 94–100 | 0–3 | 77 | 77 | 78 | 78 | 78 | 78 | 78 | 79 | 79 | 79 | 79 | 79 | 79 | 80 | 80 | 80 | 80 | 80 | 80 | 81 |
|  | 4–13 | 77 | 77 | 77 | 78 | 78 | 78 | 78 | 78 | 78 | 78 | 78 | 79 | 79 | 79 | 79 | 79 | 79 | 79 | 79 | 79 |
|  | 14+ | 77 | 77 | 77 | 77 | 77 | 77 | 77 | 78 | 78 | 78 | 78 | 78 | 78 | 78 | 78 | 78 | 78 | 78 | 78 | 79 |

Les nombres en rouge indiquent que les combustibles légers sèchent. Les nombres en noir indiquent que les combustibles légers sont stables ou qu'ils s'humidifient.

**Tableau 3.4.**

# ICL journalier 25,5–30 °C

### ICL de la veille

| HR (%) | Vent (km/h) | 80 | 81 | 82 | 83 | 84 | 85 | 86 | 87 | 88 | 89 | 90 | 91 | 92 | 93 | 94 | 95 | 96 | 97 | 98 | 99 |
|---|---|---|---|---|---|---|---|---|---|---|---|---|---|---|---|---|---|---|---|---|---|
| 0–10 | 0–3 | 95 | 96 | 96 | 96 | 96 | 96 | 96 | 97 | 97 | 97 | 97 | 97 | 97 | 98 | 98 | 98 | 98 | 98 | 98 | 99 |
|  | 4–13 | 96 | 97 | 97 | 97 | 97 | 97 | 97 | 97 | 97 | 97 | 98 | 98 | 98 | 98 | 98 | 98 | 98 | 98 | 98 | 99 |
|  | 14+ | 97 | 97 | 97 | 97 | 97 | 98 | 98 | 98 | 98 | 98 | 98 | 98 | 98 | 98 | 98 | 98 | 98 | 98 | 98 | 99 |
| 11–18 | 0–3 | 93 | 93 | 94 | 94 | 94 | 94 | 94 | 95 | 95 | 95 | 95 | 95 | 95 | 96 | 96 | 96 | 96 | 97 | 98 | 98 |
|  | 4–13 | 94 | 94 | 94 | 95 | 95 | 95 | 95 | 95 | 95 | 95 | 95 | 95 | 96 | 96 | 96 | 96 | 96 | 97 | 98 | 98 |
|  | 14+ | 95 | 95 | 95 | 95 | 95 | 95 | 95 | 95 | 95 | 96 | 96 | 96 | 96 | 96 | 96 | 96 | 96 | 97 | 97 | 98 |
| 19–28 | 0–3 | 91 | 92 | 92 | 92 | 92 | 92 | 93 | 93 | 93 | 93 | 93 | 93 | 94 | 94 | 94 | 95 | 96 | 96 | 96 | 97 |
|  | 4–13 | 92 | 92 | 92 | 93 | 93 | 93 | 93 | 93 | 93 | 93 | 93 | 94 | 94 | 94 | 94 | 95 | 95 | 96 | 96 | 96 |
|  | 14+ | 93 | 93 | 93 | 93 | 93 | 93 | 93 | 93 | 93 | 94 | 94 | 94 | 94 | 94 | 94 | 95 | 95 | 96 | 96 | 96 |
| 29–38 | 0–3 | 89 | 90 | 90 | 90 | 90 | 90 | 91 | 91 | 91 | 91 | 91 | 92 | 92 | 93 | 94 | 94 | 94 | 94 | 95 | 95 |
|  | 4–13 | 90 | 90 | 90 | 91 | 91 | 91 | 91 | 91 | 91 | 91 | 92 | 92 | 92 | 93 | 93 | 94 | 94 | 94 | 94 | 95 |
|  | 14+ | 91 | 91 | 91 | 91 | 91 | 91 | 91 | 91 | 91 | 92 | 92 | 92 | 92 | 93 | 93 | 94 | 94 | 94 | 94 | 94 |
| 39–49 | 0–3 | 88 | 88 | 88 | 88 | 89 | 89 | 89 | 89 | 89 | 90 | 90 | 91 | 92 | 92 | 92 | 92 | 93 | 93 | 93 | 93 |
|  | 4–13 | 88 | 88 | 89 | 89 | 89 | 89 | 89 | 89 | 90 | 90 | 90 | 91 | 91 | 92 | 92 | 92 | 92 | 92 | 92 | 93 |
|  | 14+ | 89 | 89 | 89 | 89 | 89 | 89 | 89 | 90 | 90 | 90 | 90 | 91 | 91 | 92 | 92 | 92 | 92 | 92 | 92 | 92 |
| 50–61 | 0–3 | 86 | 86 | 86 | 86 | 87 | 87 | 87 | 88 | 88 | 89 | 89 | 90 | 90 | 90 | 90 | 91 | 91 | 91 | 91 | 91 |
|  | 4–13 | 86 | 87 | 87 | 87 | 87 | 87 | 87 | 88 | 88 | 89 | 89 | 90 | 90 | 90 | 90 | 90 | 90 | 90 | 91 | 91 |
|  | 14+ | 87 | 87 | 87 | 87 | 87 | 87 | 88 | 88 | 88 | 89 | 89 | 89 | 90 | 90 | 90 | 90 | 90 | 90 | 90 | 90 |
| 62–73 | 0–3 | 84 | 84 | 84 | 85 | 85 | 85 | 86 | 87 | 87 | 88 | 88 | 88 | 88 | 88 | 88 | 89 | 89 | 89 | 89 | 89 |
|  | 4–13 | 84 | 85 | 85 | 85 | 85 | 86 | 86 | 87 | 87 | 87 | 88 | 88 | 88 | 88 | 88 | 88 | 88 | 88 | 88 | 88 |
|  | 14+ | 85 | 85 | 85 | 85 | 85 | 86 | 86 | 87 | 87 | 87 | 87 | 88 | 88 | 88 | 88 | 88 | 88 | 88 | 88 | 88 |
| 74–84 | 0–3 | 82 | 82 | 83 | 83 | 84 | 85 | 85 | 85 | 85 | 85 | 86 | 86 | 86 | 86 | 86 | 86 | 87 | 87 | 87 | 87 |
|  | 4–13 | 82 | 83 | 83 | 83 | 84 | 85 | 85 | 85 | 85 | 85 | 85 | 85 | 86 | 86 | 86 | 86 | 86 | 86 | 86 | 86 |
|  | 14+ | 83 | 83 | 83 | 83 | 84 | 85 | 85 | 85 | 85 | 85 | 85 | 85 | 85 | 85 | 85 | 85 | 86 | 86 | 86 | 86 |
| 85–93 | 0–3 | 80 | 81 | 82 | 82 | 82 | 82 | 82 | 82 | 83 | 83 | 83 | 83 | 83 | 83 | 84 | 84 | 84 | 84 | 84 | 84 |
|  | 4–13 | 80 | 81 | 82 | 82 | 82 | 82 | 82 | 82 | 82 | 82 | 82 | 83 | 83 | 83 | 83 | 83 | 83 | 83 | 83 | 83 |
|  | 14+ | 80 | 81 | 82 | 82 | 82 | 82 | 82 | 82 | 82 | 82 | 82 | 82 | 82 | 82 | 82 | 82 | 83 | 83 | 83 | 83 |
| 94–100 | 0–3 | 78 | 78 | 78 | 78 | 78 | 78 | 79 | 79 | 79 | 79 | 79 | 79 | 79 | 79 | 80 | 80 | 80 | 80 | 80 | 80 |
|  | 4–13 | 78 | 78 | 78 | 78 | 78 | 78 | 78 | 78 | 78 | 78 | 78 | 79 | 79 | 79 | 79 | 79 | 79 | 79 | 79 | 79 |
|  | 14+ | 77 | 78 | 78 | 78 | 78 | 78 | 78 | 78 | 78 | 78 | 78 | 78 | 78 | 78 | 78 | 78 | 78 | 78 | 78 | 79 |

Les nombres en rouge indiquent que les combustibles légers sèchent. Les nombres en noir indiquent que les combustibles légers sont stables ou qu'ils s'humidifient.

**Tableau 3.5.**

# ICL journalier

**30,5–35,5 °C**

### ICL de la veille

| HR (%) | Vent (km/h) | 80 | 81 | 82 | 83 | 84 | 85 | 86 | 87 | 88 | 89 | 90 | 91 | 92 | 93 | 94 | 95 | 96 | 97 | 98 | 99 |
|---|---|---|---|---|---|---|---|---|---|---|---|---|---|---|---|---|---|---|---|---|---|
| 0–10 | 0–3 | 97 | 97 | 97 | 97 | 97 | 97 | 97 | 98 | 98 | 98 | 98 | 98 | 98 | 98 | 98 | 99 | 99 | 99 | 99 | 99 |
|  | 4–13 | 98 | 98 | 98 | 98 | 98 | 98 | 98 | 98 | 98 | 98 | 98 | 98 | 98 | 99 | 99 | 99 | 99 | 99 | 99 | 99 |
|  | 14+ | 98 | 98 | 98 | 98 | 98 | 98 | 98 | 98 | 98 | 99 | 99 | 99 | 99 | 99 | 99 | 99 | 99 | 99 | 99 | 99 |
| 11–18 | 0–3 | 95 | 95 | 95 | 95 | 95 | 95 | 96 | 96 | 96 | 96 | 96 | 96 | 96 | 96 | 96 | 97 | 97 | 97 | 98 | 98 |
|  | 4–13 | 96 | 96 | 96 | 96 | 96 | 96 | 96 | 96 | 96 | 96 | 96 | 96 | 96 | 97 | 97 | 97 | 97 | 97 | 98 | 98 |
|  | 14+ | 96 | 96 | 96 | 96 | 96 | 96 | 96 | 96 | 96 | 96 | 96 | 97 | 97 | 97 | 97 | 97 | 97 | 97 | 98 | 98 |
| 19–28 | 0–3 | 93 | 93 | 93 | 93 | 93 | 94 | 94 | 94 | 94 | 94 | 94 | 94 | 94 | 95 | 95 | 95 | 96 | 96 | 97 | 97 |
|  | 4–13 | 94 | 94 | 94 | 94 | 94 | 94 | 94 | 94 | 94 | 94 | 94 | 94 | 95 | 95 | 95 | 95 | 96 | 96 | 97 | 97 |
|  | 14+ | 94 | 94 | 94 | 94 | 94 | 94 | 94 | 94 | 94 | 94 | 95 | 95 | 95 | 95 | 95 | 95 | 96 | 96 | 96 | 97 |
| 29–38 | 0–3 | 91 | 91 | 91 | 91 | 91 | 92 | 92 | 92 | 92 | 92 | 92 | 92 | 93 | 93 | 94 | 94 | 95 | 95 | 95 | 95 |
|  | 4–13 | 92 | 92 | 92 | 92 | 92 | 92 | 92 | 92 | 92 | 92 | 92 | 93 | 93 | 93 | 94 | 94 | 94 | 95 | 95 | 95 |
|  | 14+ | 92 | 92 | 92 | 92 | 92 | 92 | 92 | 92 | 92 | 92 | 92 | 93 | 93 | 93 | 94 | 94 | 94 | 94 | 95 | 95 |
| 38–49 | 0–3 | 89 | 89 | 89 | 89 | 90 | 90 | 90 | 90 | 90 | 90 | 91 | 91 | 92 | 92 | 93 | 93 | 93 | 93 | 93 | 94 |
|  | 4–13 | 90 | 90 | 90 | 90 | 90 | 90 | 90 | 90 | 90 | 90 | 91 | 91 | 92 | 92 | 92 | 93 | 93 | 93 | 93 | 93 |
|  | 14+ | 90 | 90 | 90 | 90 | 90 | 90 | 90 | 90 | 90 | 91 | 91 | 91 | 92 | 92 | 92 | 92 | 92 | 93 | 93 | 93 |
| 50–61 | 0–3 | 87 | 87 | 87 | 87 | 88 | 88 | 88 | 88 | 88 | 89 | 90 | 90 | 90 | 91 | 91 | 91 | 91 | 91 | 91 | 92 |
|  | 4–13 | 87 | 88 | 88 | 88 | 88 | 88 | 88 | 88 | 89 | 89 | 90 | 90 | 90 | 90 | 91 | 91 | 91 | 91 | 91 | 91 |
|  | 14+ | 88 | 88 | 88 | 88 | 88 | 88 | 88 | 88 | 89 | 89 | 90 | 90 | 90 | 90 | 90 | 90 | 91 | 91 | 91 | 91 |
| 62–73 | 0–3 | 85 | 85 | 85 | 86 | 86 | 86 | 86 | 87 | 88 | 88 | 88 | 88 | 89 | 89 | 89 | 89 | 89 | 89 | 89 | 89 |
|  | 4–13 | 85 | 86 | 86 | 86 | 86 | 86 | 86 | 87 | 88 | 88 | 88 | 88 | 88 | 88 | 89 | 89 | 89 | 89 | 89 | 89 |
|  | 14+ | 86 | 86 | 86 | 86 | 86 | 86 | 86 | 87 | 88 | 88 | 88 | 88 | 88 | 88 | 88 | 88 | 88 | 88 | 88 | 89 |
| 74–84 | 0–3 | 82 | 83 | 83 | 84 | 84 | 85 | 86 | 86 | 86 | 86 | 86 | 86 | 86 | 86 | 87 | 87 | 87 | 87 | 87 | 87 |
|  | 4–13 | 83 | 83 | 83 | 84 | 84 | 85 | 86 | 86 | 86 | 86 | 86 | 86 | 86 | 86 | 86 | 86 | 86 | 86 | 86 | 86 |
|  | 14+ | 83 | 84 | 84 | 84 | 84 | 85 | 86 | 86 | 86 | 86 | 86 | 86 | 86 | 86 | 86 | 86 | 86 | 86 | 86 | 86 |
| 85–93 | 0–3 | 80 | 81 | 82 | 82 | 83 | 83 | 83 | 83 | 83 | 83 | 83 | 83 | 83 | 83 | 84 | 84 | 84 | 84 | 84 | 84 |
|  | 4–13 | 80 | 81 | 82 | 82 | 83 | 83 | 83 | 83 | 83 | 83 | 83 | 83 | 83 | 83 | 83 | 83 | 83 | 83 | 83 | 83 |
|  | 14+ | 81 | 81 | 82 | 82 | 82 | 83 | 83 | 83 | 83 | 83 | 83 | 83 | 83 | 83 | 83 | 83 | 83 | 83 | 83 | 83 |
| 94–100 | 0–3 | 78 | 78 | 78 | 79 | 79 | 79 | 79 | 79 | 79 | 79 | 79 | 79 | 79 | 79 | 79 | 80 | 80 | 80 | 80 | 80 |
|  | 4–13 | 78 | 78 | 78 | 78 | 78 | 78 | 79 | 79 | 79 | 79 | 79 | 79 | 79 | 79 | 79 | 79 | 79 | 79 | 79 | 79 |
|  | 14+ | 78 | 78 | 78 | 78 | 78 | 78 | 78 | 78 | 78 | 78 | 78 | 78 | 78 | 79 | 79 | 79 | 79 | 79 | 79 | 79 |

Les nombres en rouge indiquent que les combustibles légers sèchent. Les nombres en noir indiquent que les combustibles légers sont stables ou qu'ils s'humidifient.

**Tableau 3.6.**

# ICL journalier                                      >35,5 °C

## ICL de la veille

| HR (%) | Vent (km/h) | 80 | 81 | 82 | 83 | 84 | 85 | 86 | 87 | 88 | 89 | 90 | 91 | 92 | 93 | 94 | 95 | 96 | 97 | 98 | 99 |
|---|---|---|---|---|---|---|---|---|---|---|---|---|---|---|---|---|---|---|---|---|---|
| 0–10 | 0–3 | 98 | 98 | 98 | 98 | 98 | 98 | 98 | 99 | 99 | 99 | 99 | 99 | 99 | 99 | 99 | 99 | 99 | 99 | 99 | 99 |
|  | 4–3 | 99 | 99 | 99 | 99 | 99 | 99 | 99 | 99 | 99 | 99 | 99 | 99 | 99 | 99 | 99 | 99 | 99 | 99 | 99 | 99 |
|  | 14+ | 99 | 99 | 99 | 99 | 99 | 99 | 99 | 99 | 99 | 99 | 99 | 99 | 99 | 99 | 99 | 99 | 99 | 99 | 99 | 99 |
| 11–18 | 0–3 | 96 | 96 | 96 | 96 | 97 | 97 | 97 | 97 | 97 | 97 | 97 | 97 | 97 | 97 | 97 | 97 | 97 | 97 | 98 | 99 |
|  | 4–13 | 97 | 97 | 97 | 97 | 97 | 97 | 97 | 97 | 97 | 97 | 97 | 97 | 97 | 97 | 97 | 97 | 97 | 97 | 98 | 99 |
|  | 14+ | 97 | 97 | 97 | 97 | 97 | 97 | 97 | 97 | 97 | 97 | 97 | 97 | 97 | 97 | 97 | 97 | 97 | 97 | 98 | 99 |
| 19–28 | 0–3 | 94 | 94 | 94 | 95 | 95 | 95 | 95 | 95 | 95 | 95 | 95 | 95 | 95 | 95 | 95 | 96 | 96 | 97 | 97 | 98 |
|  | 4–13 | 95 | 95 | 95 | 95 | 95 | 95 | 95 | 95 | 95 | 95 | 95 | 95 | 95 | 95 | 96 | 96 | 96 | 97 | 97 | 97 |
|  | 14+ | 95 | 95 | 95 | 95 | 95 | 95 | 95 | 95 | 95 | 95 | 95 | 95 | 96 | 96 | 96 | 96 | 96 | 97 | 97 | 97 |
| 29–38 | 0–3 | 92 | 92 | 92 | 93 | 93 | 93 | 93 | 93 | 93 | 93 | 93 | 93 | 93 | 93 | 94 | 95 | 95 | 95 | 96 | 96 |
|  | 4–13 | 93 | 93 | 93 | 93 | 93 | 93 | 93 | 93 | 93 | 93 | 93 | 93 | 93 | 93 | 94 | 95 | 95 | 95 | 95 | 95 |
|  | 14+ | 93 | 93 | 93 | 93 | 93 | 93 | 93 | 93 | 93 | 93 | 93 | 93 | 93 | 93 | 94 | 95 | 95 | 95 | 95 | 95 |
| 38–49 | 0–3 | 90 | 90 | 90 | 91 | 91 | 91 | 91 | 91 | 91 | 91 | 91 | 91 | 92 | 93 | 93 | 93 | 94 | 94 | 94 | 94 |
|  | 4–13 | 91 | 91 | 91 | 91 | 91 | 91 | 91 | 91 | 91 | 91 | 91 | 91 | 92 | 93 | 93 | 93 | 93 | 93 | 93 | 94 |
|  | 14+ | 91 | 91 | 91 | 91 | 91 | 91 | 91 | 91 | 91 | 91 | 91 | 91 | 92 | 93 | 93 | 93 | 93 | 93 | 93 | 93 |
| 50–61 | 0–3 | 88 | 88 | 88 | 88 | 89 | 89 | 89 | 89 | 89 | 89 | 90 | 91 | 91 | 91 | 91 | 91 | 92 | 92 | 92 | 92 |
|  | 4–13 | 89 | 89 | 89 | 89 | 89 | 89 | 89 | 89 | 89 | 89 | 90 | 91 | 91 | 91 | 91 | 91 | 91 | 91 | 91 | 92 |
|  | 14+ | 89 | 89 | 89 | 89 | 89 | 89 | 89 | 89 | 89 | 89 | 90 | 91 | 91 | 91 | 91 | 91 | 91 | 91 | 91 | 91 |
| 62–73 | 0–3 | 86 | 86 | 86 | 86 | 87 | 87 | 87 | 87 | 88 | 89 | 89 | 89 | 89 | 89 | 89 | 89 | 89 | 90 | 90 | 90 |
|  | 4–13 | 86 | 87 | 87 | 87 | 87 | 87 | 87 | 87 | 88 | 89 | 89 | 89 | 89 | 89 | 89 | 89 | 89 | 89 | 89 | 89 |
|  | 14+ | 87 | 87 | 87 | 87 | 87 | 87 | 87 | 87 | 88 | 89 | 89 | 89 | 89 | 89 | 89 | 89 | 89 | 89 | 89 | 89 |
| 74–84 | 0–3 | 83 | 84 | 84 | 84 | 85 | 85 | 86 | 86 | 87 | 87 | 87 | 87 | 87 | 87 | 87 | 87 | 87 | 87 | 87 | 87 |
|  | 4–13 | 84 | 84 | 84 | 84 | 85 | 85 | 86 | 86 | 86 | 87 | 87 | 87 | 87 | 87 | 87 | 87 | 87 | 87 | 87 | 87 |
|  | 14+ | 84 | 84 | 84 | 85 | 85 | 85 | 86 | 86 | 86 | 86 | 86 | 87 | 87 | 87 | 87 | 87 | 87 | 87 | 87 | 87 |
| 85–93 | 0–3 | 81 | 81 | 82 | 83 | 83 | 83 | 83 | 83 | 83 | 84 | 84 | 84 | 84 | 84 | 84 | 84 | 84 | 84 | 84 | 84 |
|  | 4–13 | 81 | 81 | 82 | 83 | 83 | 83 | 83 | 83 | 83 | 83 | 83 | 83 | 83 | 84 | 84 | 84 | 84 | 84 | 84 | 84 |
|  | 14+ | 81 | 81 | 82 | 83 | 83 | 83 | 83 | 83 | 83 | 83 | 83 | 83 | 83 | 83 | 83 | 83 | 83 | 83 | 83 | 83 |
| 94–100 | 0–3 | 79 | 79 | 79 | 79 | 79 | 79 | 79 | 79 | 79 | 79 | 79 | 79 | 80 | 80 | 80 | 80 | 80 | 80 | 80 | 80 |
|  | 4–13 | 79 | 79 | 79 | 79 | 79 | 79 | 79 | 79 | 79 | 79 | 79 | 79 | 79 | 79 | 79 | 79 | 79 | 79 | 79 | 79 |
|  | 14+ | 79 | 79 | 79 | 79 | 79 | 79 | 79 | 79 | 79 | 79 | 79 | 79 | 79 | 79 | 79 | 79 | 79 | 79 | 79 | 79 |

Les nombres en rouge indiquent que les combustibles légers sèchent. Les nombres en noir indiquent que les combustibles légers sont stables ou qu'ils s'humidifient.

Tableau 4.1.

# ICL diurne — Après-midi et pendant la nuit

**ICL journalier**

**Heure avancée locale (h)**

| 1300 | 1400 | 1500 | 1600 | 1700 | 1800 | 1900 | 2000 | 2100 | 2200 | 2300 | 2400 | 0100 | 0200 | 0300 | 0400 | 0500 | 0600 | 0700 |
|---|---|---|---|---|---|---|---|---|---|---|---|---|---|---|---|---|---|---|
| 41 | 43 | 46 | 48 | 50 | 51 | 52 | 53 | 53 | 52 | 51 | 50 | 49 | 48 | 47 | 46 | 45 | 44 | 43 |
| 48 | 52 | 55 | 57 | 60 | 61 | 62 | 62 | 62 | 61 | 59 | 58 | 56 | 55 | 54 | 52 | 51 | 50 | 49 |
| 57 | 61 | 65 | 68 | 70 | 70 | 71 | 70 | 69 | 68 | 66 | 65 | 63 | 62 | 60 | 59 | 58 | 56 | 55 |
| 59 | 63 | 67 | 70 | 72 | 72 | 72 | 72 | 71 | 69 | 68 | 66 | 65 | 63 | 62 | 61 | 59 | 58 | 57 |
| 62 | 66 | 70 | 72 | 74 | 74 | 74 | 73 | 72 | 71 | 69 | 68 | 66 | 65 | 63 | 62 | 61 | 59 | 58 |
| 63 | 67 | 71 | 73 | 75 | 75 | 75 | 74 | 73 | 72 | 70 | 69 | 67 | 66 | 64 | 63 | 61 | 60 | 59 |
| 64 | 68 | 72 | 74 | 76 | 76 | 76 | 75 | 74 | 72 | 71 | 69 | 68 | 66 | 65 | 64 | 62 | 61 | 60 |
| 66 | 69 | 73 | 75 | 77 | 77 | 77 | 76 | 75 | 73 | 72 | 70 | 69 | 67 | 66 | 64 | 63 | 62 | 60 |
| 67 | 71 | 75 | 76 | 78 | 78 | 78 | 77 | 76 | 74 | 72 | 71 | 69 | 68 | 67 | 65 | 64 | 63 | 61 |
| 69 | 72 | 76 | 78 | 79 | 79 | 79 | 78 | 77 | 76 | 73 | 72 | 70 | 69 | 67 | 66 | 65 | 63 | 62 |
| 71 | 74 | 77 | 79 | 80 | 80 | 79 | 78 | 77 | 76 | 74 | 73 | 71 | 70 | 68 | 67 | 66 | 64 | 63 |
| 74 | 76 | 79 | 80 | 81 | 81 | 80 | 79 | 78 | 77 | 75 | 73 | 72 | 71 | 69 | 68 | 66 | 65 | 64 |
| 76 | 78 | 80 | 81 | 82 | 82 | 81 | 80 | 79 | 78 | 76 | 74 | 73 | 71 | 70 | 69 | 67 | 66 | 65 |
| 78 | 80 | 81 | 82 | 83 | 83 | 82 | 81 | 80 | 78 | 77 | 75 | 74 | 72 | 71 | 70 | 68 | 67 | 66 |
| 80 | 81 | 82 | 83 | 84 | 84 | 83 | 82 | 81 | 79 | 78 | 76 | 75 | 73 | 72 | 70 | 69 | 68 | 67 |
| 82 | 82 | 83 | 84 | 85 | 85 | 84 | 83 | 82 | 80 | 79 | 77 | 76 | 74 | 73 | 71 | 70 | 69 | 68 |
| 83 | 84 | 85 | 85 | 86 | 86 | 85 | 84 | 83 | 81 | 79 | 78 | 77 | 75 | 74 | 72 | 71 | 70 | 68 |
| 84 | 85 | 86 | 86 | 87 | 87 | 86 | 85 | 83 | 82 | 80 | 79 | 78 | 76 | 75 | 73 | 72 | 71 | 70 |
| 85 | 86 | 87 | 87 | 88 | 88 | 87 | 86 | 84 | 83 | 81 | 80 | 79 | 77 | 76 | 74 | 73 | 72 | 71 |
| 86 | 87 | 88 | 89 | 89 | 89 | 88 | 87 | 85 | 84 | 82 | 81 | 80 | 78 | 77 | 75 | 74 | 73 | 72 |
| 88 | 88 | 89 | 90 | 90 | 90 | 89 | 88 | 86 | 85 | 83 | 82 | 81 | 79 | 78 | 77 | 75 | 74 | 73 |
| 89 | 89 | 90 | 91 | 91 | 91 | 90 | 89 | 87 | 86 | 84 | 83 | 82 | 80 | 79 | 78 | 76 | 75 | 74 |
| 90 | 90 | 91 | 92 | 92 | 92 | 91 | 90 | 88 | 87 | 85 | 84 | 83 | 81 | 80 | 79 | 77 | 76 | 75 |
| 91 | 91 | 92 | 93 | 93 | 93 | 92 | 91 | 89 | 88 | 86 | 85 | 84 | 82 | 81 | 80 | 79 | 77 | 76 |
| 92 | 93 | 93 | 94 | 94 | 94 | 93 | 92 | 90 | 89 | 88 | 86 | 85 | 84 | 82 | 81 | 80 | 79 | 77 |
| 93 | 94 | 94 | 95 | 95 | 95 | 94 | 93 | 91 | 90 | 89 | 87 | 86 | 85 | 83 | 82 | 81 | 80 | 79 |
| 94 | 95 | 95 | 96 | 96 | 96 | 95 | 94 | 92 | 91 | 90 | 88 | 87 | 86 | 85 | 84 | 82 | 81 | 80 |
| 95 | 96 | 96 | 97 | 97 | 97 | 96 | 95 | 93 | 92 | 91 | 90 | 88 | 87 | 86 | 85 | 84 | 83 | 81 |
| 96 | 97 | 97 | 98 | 98 | 98 | 97 | 96 | 94 | 93 | 92 | 91 | 90 | 88 | 87 | 86 | 85 | 84 | 83 |
| 97 | 98 | 98 | 99 | 99 | 99 | 98 | 97 | 95 | 94 | 93 | 92 | 91 | 90 | 88 | 87 | 86 | 85 | 84 |
| 98 | 99 | 99 | 100 | 100 | 100 | 99 | 98 | 96 | 95 | 94 | 93 | 92 | 91 | 90 | 89 | 88 | 86 | 85 |
| **1200** | **1300** | **1400** | **1500** | **1600** | **1700** | **1800** | **1900** | **2000** | **2100** | **2200** | **2300** | **2400** | **0100** | **0200** | **0300** | **0400** | **0500** | **0600** |

**Heure normale locale (h)**

Pour estimer l'ICL au cours de l'après-midi ou pendant la nuit, trouvez l'ICL journalier dans la colonne ICL journalier, puis déplacez-vous horizontalement jusqu'à la colonne correspondant à l'heure de prévision.

## Tableau 4.2.

# ICL diurne　　　　　　　　　　　　　　　　　　matin

### Heure avancée locale (h)

| HR (%) | 0700 | | | 0800 | | | 0900 | | | 1000 | | | 1100 | | | 1200 | | | 1300 | | |
|---|---|---|---|---|---|---|---|---|---|---|---|---|---|---|---|---|---|---|---|---|---|
| | <68 | >87 | <58 | | >77 | <48 | | >67 | <43 | | >62 | <38 | | >57 | <35 | | >54 | <33 | | | >52 |
| | 68–87 | | | 58–77 | | | 48–67 | | | 43–62 | | | 38–57 | | | 35–54 | | | 33–52 | | | |
| 50 | 54 | 48 | 43 | 56 | 49 | 44 | 59 | 50 | 45 | 64 | 56 | 51 | 70 | 62 | 57 | 76 | 69 | 64 | 82 | 77 | 72 |
| 60 | 57 | 53 | 49 | 60 | 54 | 49 | 63 | 55 | 50 | 67 | 60 | 56 | 72 | 66 | 61 | 78 | 0 | 68 | 83 | 79 | 75 |
| 70 | 62 | 58 | 55 | 64 | 60 | 56 | 67 | 61 | 57 | 71 | 66 | 62 | 76 | 71 | 67 | 80 | 72 | 72 | 85 | 82 | 78 |
| 72 | 63 | 60 | 57 | 65 | 61 | 57 | 68 | 63 | 58 | 72 | 67 | 63 | 77 | 72 | 68 | 81 | 76 | 73 | 86 | 83 | 79 |
| 74 | 64 | 61 | 58 | 67 | 63 | 59 | 69 | 64 | 60 | 73 | 69 | 64 | 77 | 73 | 69 | 82 | 77 | 74 | 87 | 84 | 80 |
| 75 | 65 | 62 | 59 | 67 | 63 | 60 | 70 | 65 | 61 | 74 | 69 | 65 | 78 | 74 | 70 | 82 | 78 | 75 | 87 | 84 | 80 |
| 76 | 66 | 63 | 60 | 68 | 64 | 60 | 70 | 66 | 61 | 74 | 70 | 66 | 78 | 75 | 70 | 83 | 79 | 76 | 87 | 84 | 81 |
| 77 | 66 | 63 | 60 | 69 | 65 | 61 | 71 | 67 | 62 | 75 | 71 | 66 | 79 | 75 | 71 | 84 | 80 | 76 | 88 | 85 | 81 |
| 78 | 67 | 64 | 61 | 69 | 66 | 62 | 72 | 68 | 63 | 75 | 72 | 67 | 79 | 76 | 72 | 84 | 80 | 77 | 88 | 85 | 81 |
| 79 | 68 | 65 | 62 | 70 | 67 | 63 | 72 | 68 | 64 | 76 | 72 | 68 | 80 | 77 | 72 | 85 | 81 | 77 | 88 | 86 | 82 |
| 80 | 69 | 66 | 63 | 71 | 67 | 64 | 73 | 69 | 65 | 77 | 73 | 69 | 81 | 77 | 73 | 85 | 82 | 78 | 89 | 86 | 82 |
| 81 | 69 | 66 | 64 | 72 | 68 | 65 | 74 | 70 | 66 | 77 | 74 | 70 | 81 | 78 | 74 | 86 | 82 | 78 | 89 | 86 | 82 |
| 82 | 70 | 67 | 65 | 72 | 69 | 66 | 75 | 71 | 67 | 78 | 75 | 70 | 82 | 79 | 74 | 86 | 83 | 79 | 89 | 87 | 83 |
| 83 | 71 | 68 | 66 | 73 | 70 | 67 | 75 | 72 | 68 | 79 | 76 | 71 | 82 | 79 | 75 | 87 | 83 | 80 | 90 | 87 | 83 |
| 84 | 72 | 69 | 67 | 74 | 71 | 68 | 76 | 73 | 69 | 80 | 77 | 72 | 83 | 80 | 76 | 87 | 84 | 80 | 90 | 88 | 83 |
| 85 | 73 | 70 | 67 | 75 | 72 | 69 | 77 | 74 | 70 | 80 | 77 | 73 | 84 | 81 | 77 | 88 | 85 | 81 | 90 | 88 | 83 |
| 86 | 74 | 71 | 68 | 76 | 73 | 70 | 78 | 75 | 71 | 81 | 78 | 74 | 85 | 82 | 77 | 89 | 86 | 81 | 91 | 88 | 84 |
| 87 | 75 | 72 | 69 | 77 | 74 | 71 | 79 | 76 | 72 | 82 | 79 | 75 | 85 | 83 | 78 | 89 | 87 | 82 | 91 | 89 | 84 |
| 88 | 76 | 73 | 71 | 78 | 75 | 72 | 80 | 77 | 73 | 83 | 80 | 76 | 86 | 84 | 79 | 90 | 87 | 82 | 91 | 89 | 84 |
| 89 | 78 | 74 | 72 | 79 | 76 | 73 | 81 | 78 | 74 | 84 | 81 | 77 | 87 | 85 | 80 | 90 | 88 | 83 | 92 | 89 | 85 |
| 90 | 79 | 75 | 73 | 80 | 77 | 74 | 82 | 79 | 76 | 85 | 82 | 78 | 88 | 86 | 81 | 91 | 88 | 84 | 92 | 90 | 85 |
| 91 | 80 | 76 | 74 | 81 | 78 | 75 | 83 | 81 | 77 | 86 | 83 | 79 | 89 | 87 | 82 | 91 | 89 | 84 | 92 | 90 | 85 |
| 92 | 81 | 77 | 75 | 83 | 79 | 77 | 84 | 82 | 78 | 87 | 85 | 80 | 90 | 88 | 83 | 92 | 89 | 85 | 92 | 90 | 86 |
| 93 | 83 | 78 | 76 | 84 | 81 | 78 | 85 | 83 | 79 | 88 | 86 | 82 | 91 | 89 | 84 | 92 | 90 | 85 | 93 | 91 | 86 |
| 94 | 84 | 80 | 77 | 85 | 82 | 79 | 86 | 84 | 81 | 89 | 87 | 83 | 92 | 90 | 85 | 93 | 91 | 86 | 93 | 91 | 86 |
| 95 | 86 | 81 | 79 | 87 | 83 | 81 | 88 | 85 | 82 | 90 | 88 | 84 | 93 | 91 | 86 | 93 | 91 | 86 | 93 | 91 | 86 |
| 96 | 87 | 82 | 80 | 88 | 84 | 82 | 89 | 87 | 84 | 91 | 89 | 85 | 94 | 92 | 87 | 94 | 92 | 87 | 94 | 92 | 87 |
| 97 | 89 | 84 | 81 | 90 | 86 | 83 | 90 | 88 | 85 | 93 | 91 | 87 | 95 | 93 | 88 | 95 | 93 | 88 | 95 | 93 | 88 |
| 98 | 90 | 85 | 83 | 91 | 87 | 85 | 92 | 89 | 87 | 94 | 92 | 88 | 96 | 94 | 89 | 96 | 94 | 89 | 96 | 94 | 89 |
| 99 | 92 | 87 | 84 | 93 | 88 | 86 | 93 | 90 | 88 | 95 | 93 | 90 | 97 | 96 | 91 | 97 | 96 | 91 | 97 | 96 | 90 |
| 100 | 93 | 88 | 85 | 94 | 90 | 88 | 95 | 91 | 90 | 96 | 94 | 91 | 98 | 97 | 92 | 98 | 97 | 92 | 98 | 97 | 92 |

ICL journalier normal de la veille

| 0600 | 0700 | 0800 | 0900 | 1000 | 1100 | 1200 |

### Heure normale locale (h)

Pour estimer l'ICL au cours de l'avant-midi, trouvez l'ICL journalier normal de la veille, puis déplacez-vous horizontalement jusqu'à la colonne correspondant à l'HR estimée pour l'heure de prévision.

**Tableau 4.3.**

# ICL corrections selon la pente et l'exposition

**Pente du terrain (%) et exposition**

| | 1 %–15 % | | | | 16 %–30 % | | | | 31 %–45 % | | | | 46 %–60 % | | | |
|------|----|----|----|----|----|----|----|----|----|----|----|----|----|----|----|----|
| Plat | N | E | S | O | N | E | S | O | N | E | S | O | N | E | S | O |
| 80 | 78 | 79 | 82 | 80 | 77 | 78 | 82 | 80 | 74 | 77 | 83 | 81 | 72 | 76 | 84 | 81 |
| 82 | 80 | 81 | 84 | 82 | 76 | 80 | 84 | 82 | 76 | 79 | 85 | 83 | 74 | 78 | 85 | 83 |
| 84 | 83 | 83 | 85 | 84 | 79 | 82 | 86 | 84 | 79 | 81 | 87 | 84 | 76 | 80 | 88 | 84 |
| 86 | 85 | 85 | 87 | 86 | 83 | 84 | 88 | 86 | 81 | 83 | 89 | 86 | 78 | 82 | 90 | 86 |
| 87 | 86 | 86 | 88 | 87 | 84 | 85 | 89 | 87 | 82 | 84 | 90 | 87 | 80 | 83 | 90 | 87 |
| 88 | 87 | 87 | 89 | 88 | 85 | 87 | 90 | 88 | 83 | 86 | 91 | 88 | 82 | 85 | 91 | 88 |
| 89 | 88 | 88 | 90 | 89 | 87 | 88 | 91 | 89 | 85 | 87 | 91 | 89 | 83 | 86 | 92 | 89 |
| 90 | 89 | 89 | 91 | 90 | 88 | 89 | 92 | 90 | 86 | 88 | 92 | 90 | 84 | 87 | 93 | 90 |
| 91 | 90 | 90 | 92 | 91 | 89 | 90 | 92 | 91 | 87 | 89 | 93 | 91 | 86 | 88 | 93 | 91 |
| 92 | 91 | 91 | 93 | 92 | 90 | 91 | 93 | 92 | 88 | 90 | 94 | 92 | 87 | 89 | 94 | 92 |
| 93 | 92 | 92 | 94 | 93 | 91 | 92 | 94 | 93 | 89 | 91 | 95 | 93 | 88 | 90 | 95 | 93 |
| 94 | 93 | 93 | 95 | 94 | 92 | 93 | 95 | 94 | 91 | 92 | 96 | 94 | 90 | 92 | 96 | 94 |
| | N | E | S | O | N | E | S | O | N | E | S | O | N | E | S | O |
| | 1°–8,5° | | | | 9°–17° | | | | 18°–24° | | | | 25°–31° | | | |

**Pente du terrain (°) et exposition**

Ces corrections devraient être appliquées uniquement pour les types de combustibles ouverts lors de journées dégagées en mars, avril, août, septembre ou octobre entre 12 h 00 et 20 h 00, heure normale locale. Pour utiliser ce tableau, déterminez la pente et l'exposition du point d'observation météorologique, trouvez l'ICL, déplacez-vous horizontalement jusqu'a la colonne qui décrit le mieux le point de prévision et lisez l'ICL correspondant.

Tableau 5.

# ÉVV Équivalent vitesse du vent de la pente (km/h)

| | | | | Pente du terrain (%) | | | | |
|---|---|---|---|---|---|---|---|---|
| Type de combustible | | 10 % | 20 % | 30 % | 40 % | 50 % | 60 % | 70 % |
| C-1 | | 1 | 3 | 4 | 6 | 8 | 10 | 12 |
| C-2 | | 3 | 7 | 12 | 17 | 23 | 29 | 36 |
| C-3 | | 2 | 4 | 6 | 9 | 12 | 15 | 18 |
| C-4 | | 3 | 7 | 12 | 17 | 23 | 29 | 37 |
| C-5 | | 1 | 3 | 5 | 7 | 9 | 12 | 14 |
| C-6 | | 2 | 4 | 7 | 10 | 13 | 17 | 21 |
| C-7 | | 2 | 5 | 9 | 13 | 17 | 21 | 26 |
| D-1, D-2 | | 3 | 7 | 11 | 16 | 21 | 26 | 32 |
| M-1, M-2 | 50 % C | 3 | 7 | 11 | 16 | 22 | 28 | 35 |
| M-3 | 60 % $S_{bm}$ | 3 | 7 | 12 | 18 | 25 | 34 | 120 |
| M-4 | 60 % $S_{bm}$ | 3 | 12 | 12 | 17 | 23 | 30 | 38 |
| O-1a | | 3 | 8 | 13 | 19 | 25 | 32 | 41 |
| O-1b | | 3 | 7 | 11 | 15 | 21 | 26 | 33 |
| S-1 | | 4 | 8 | 14 | 20 | 27 | 35 | 45 |
| S-2 | | 3 | 7 | 11 | 16 | 21 | 26 | 35 |
| S-3 | | 2 | 4 | 6 | 9 | 12 | 16 | 20 |
| | | 6° | 11° | 17° | 22° | 27° | 31° | 35° |

**Pente du terrain (°)**

Remarque : Les valeurs sont pour un ICL de 90 et sont précises à +/− 2 km/h pour un ICL entre 80 et 96, sauf pour les valeurs d'ICL > 94 et une pente > 50, valeurs qui pourraient être sous-estimées de 5+ km/h. Pour les pentes > 70 %, utilisez la valeur de 70 %.

**Tableau 6.1.**

# Échelle de Beaufort

**pour estimer la vitesse du vent à découvert à 10 m**

| Vitesse du vent (km/h) | | | |
|---|---|---|---|
| Intervalle | Moyenne | Description | Effets du vent observés |
| <1 | 0 | Calme | La fumée s'élève verticalement. |
| 1–5 | 3 | Brise très légère | La direction du vent est révélée par l'entraînement de la fumée, mais non par les girouettes. |
| 6–11 | 9 | Brise légère | Le vent est perçu au visage; les feuilles frémissent; une girouette ordinaire est mise en mouvement. |
| 12–19 | 16 | Petite brise | Les feuilles et les petites branches sont constamment agitées; le vent déploie les drapeaux légers. |
| 20–28 | 24 | Jolie brise | Le vent soulève la poussière et les feuilles de papier; les petites branches sont agitées. |
| 29–38 | 34 | Bonne brise | Les arbustes avec feuilles commencent à se balancer; de petites vagues avec crête se forment à la surface des eaux intérieures. |
| 39–49 | 44 | Vent frais | Les grandes branches sont agitées; le vent siffle dans les fils téléphoniques; il est difficile de se servir d'un parapluie. |
| 50–61 | 55 | Grands vents frais | Les arbres sont agités en entier; la marche face au vent est difficile. |
| 62–74 | 68 | Coup de vent | Le vent casse de petites branches; la marche contre le vent est pénible. |
| 75–88 | 82 | Fort coup de vent | Le vent occasionne de légers dommages aux structures. |
| 89–102 | 96 | Tempête | Rare à l'intérieur des terres; arbres déracinés; importants dommages aux habitations. |
| 103–117 | 110 | Violente tempête | Très rarement observé; s'accompagne de ravages étendus. |
| 118+ | 125 | Ouragan | Possibilité de grandes étendues de dommages à la végétation et de dommages structuraux importants. |

Adapté de List, R.J. 1951. *Smithsonian meteorological tables*, 6<sup>e</sup> édition révisée, Smithsonian Inst. Press, Washington, DC.

**Tableau 6.2.**

# Vent Facteur de correction de la vitesse du vent à une hauteur de 10 m

| Hauteur mesurée (m) | Surface rugueuse | Surface lisse |
|---|---|---|
| 1,5 | 1,94 | 1,48 |
| 2,0–2,9 | 1,54 | 1,31 |
| 3,0–3,9 | 1,37 | 1,22 |
| 4,0–4,9 | 1,26 | 1,16 |
| 5,0–6,9 | 1,18 | 1,11 |
| 7,0–8,9 | 1,06 | 1,03 |

Multipliez la vitesse du vent à la hauteur mesurée par le facteur de correction pour obtenir la vitesse du vent à 10 m.

# Tableau 6.3.

# INDICE de propagation initiale à la tête à l'arrière du feu (IPI)/IPI$_a$

### Vitesse résultante du vent (km/h)

| ICL | 0 | 5 | 10 | 15 | 20 | 25 | 30 | 35 | 40 | 45 | 50 |
|---|---|---|---|---|---|---|---|---|---|---|---|
| 77 | 1 | 1 | 1 | 2 | 2 | 3 | 4 | 5 | 7 | 9 | 9 |
|    | 1 | 1 | 1 | 0 | 0 | 0 | 0 | 0 | 0 | 0 | 0 |
| 78 | 1 | 1 | 2 | 2 | 3 | 3 | 4 | 5 | 7 | 8 | 9 |
|    | 1 | 1 | 1 | 0 | 0 | 0 | 0 | 0 | 0 | 0 | 0 |
| 79 | 1 | 1 | 2 | 2 | 3 | 4 | 5 | 6 | 8 | 9 | 10 |
|    | 1 | 1 | 1 | 1 | 0 | 0 | 0 | 0 | 0 | 0 | 0 |
| 80 | 1 | 1 | 2 | 2 | 3 | 4 | 5 | 7 | 9 | 10 | 11 |
|    | 1 | 1 | 1 | 1 | 0 | 0 | 0 | 0 | 0 | 0 | 0 |
| 81 | 1 | 2 | 2 | 3 | 3 | 4 | 6 | 7 | 10 | 11 | 13 |
|    | 1 | 1 | 1 | 1 | 0 | 0 | 0 | 0 | 0 | 0 | 0 |
| 82 | 1 | 2 | 2 | 3 | 4 | 5 | 6 | 8 | 11 | 13 | 14 |
|    | 1 | 1 | 1 | 1 | 1 | 0 | 0 | 0 | 0 | 0 | 0 |
| 83 | 2 | 2 | 3 | 3 | 4 | 6 | 7 | 9 | 12 | 15 | 16 |
|    | 2 | 1 | 1 | 1 | 1 | 0 | 0 | 0 | 0 | 0 | 0 |
| 84 | 2 | 2 | 3 | 4 | 5 | 6 | 8 | 11 | 14 | 17 | 18 |
|    | 2 | 1 | 1 | 1 | 1 | 0 | 0 | 0 | 0 | 0 | 0 |
| 85 | 2 | 3 | 3 | 4 | 6 | 7 | 10 | 12 | 16 | 19 | 21 |
|    | 2 | 2 | 1 | 1 | 1 | 1 | 0 | 0 | 0 | 0 | 0 |
| 86 | 2 | 3 | 4 | 5 | 7 | 9 | 11 | 14 | 18 | 22 | 24 |
|    | 2 | 2 | 1 | 1 | 1 | 1 | 0 | 0 | 0 | 0 | 0 |
| 87 | 3 | 4 | 5 | 6 | 8 | 10 | 13 | 16 | 21 | 25 | 28 |
|    | 3 | 2 | 2 | 1 | 1 | 1 | 1 | 0 | 0 | 0 | 0 |
| 88 | 3 | 4 | 5 | 7 | 9 | 11 | 15 | 19 | 24 | 29 | 32 |
|    | 3 | 3 | 2 | 2 | 1 | 1 | 1 | 1 | 0 | 0 | 0 |
| 89 | 4 | 5 | 6 | 8 | 10 | 13 | 17 | 22 | 28 | 33 | 37 |
|    | 4 | 3 | 2 | 2 | 1 | 1 | 1 | 1 | 1 | 0 | 0 |
| 90 | 4 | 6 | 7 | 9 | 12 | 15 | 19 | 25 | 32 | 39 | 43 |
|    | 4 | 3 | 3 | 2 | 2 | 1 | 1 | 1 | 1 | 0 | 0 |
| 91 | 5 | 6 | 8 | 11 | 14 | 17 | 22 | 29 | 37 | 45 | 50 |
|    | 5 | 4 | 3 | 2 | 2 | 1 | 1 | 1 | 1 | 1 | 0 |
| 92 | 6 | 7 | 9 | 12 | 16 | 20 | 26 | 33 | 43 | 51 | 57 |
|    | 6 | 4 | 3 | 3 | 2 | 2 | 1 | 1 | 1 | 1 | 0 |
| 93 | 7 | 8 | 11 | 14 | 18 | 23 | 30 | 38 | 49 | 59 | 66 |
|    | 7 | 5 | 4 | 3 | 2 | 2 | 1 | 1 | 1 | 1 | 1 |
| 94 | 8 | 10 | 12 | 16 | 21 | 27 | 34 | 44 | 57 | 68 | 76 |
|    | 8 | 6 | 5 | 4 | 3 | 2 | 2 | 1 | 1 | 1 | 1 |
| 95 | 9 | 11 | 14 | 18 | 24 | 31 | 39 | 51 | 65 | 78 | 87 |
|    | 9 | 7 | 5 | 4 | 3 | 2 | 2 | 1 | 1 | 1 | 1 |
| 96 | 10 | 13 | 16 | 21 | 27 | 35 | 45 | 58 | 74 | 89 | 99 |
|    | 10 | 8 | 6 | 5 | 4 | 3 | 2 | 2 | 1 | 1 | 1 |
| 97 | 11 | 15 | 19 | 24 | 31 | 40 | 51 | 66 | 85 | 102 | 114 |
|    | 11 | 9 | 7 | 5 | 4 | 3 | 3 | 2 | 2 | 1 | 1 |
| 98 | 13 | 17 | 21 | 28 | 36 | 46 | 59 | 76 | 97 | 117 | 130 |
|    | 13 | 10 | 8 | 6 | 5 | 4 | 3 | 2 | 2 | 1 | 1 |
|    | 0 | 1,4 | 2,8 | 4,2 | 5,6 | 6,9 | 8,3 | 9,7 | 11,1 | 12,5 | 13,9 |

### Vitesse résultante du vent (m/s)

Utilisez les nombres en rouge pour la tête feu et les nombres en noir pour l'arrière.

Tableau 7.1.

# IH Indice de l'humus - facteurs de dessèchement journalier

| Température (°C) | Humidité relative (%) | Mois | | | | | | |
|---|---|---|---|---|---|---|---|---|
| | | Avril | Mai | Juin | Juill. | Août | Sept. | Oct. |
| 10,5–15,0 | 0–42 | 3 | 3 | 3 | 3 | 2 | 2 | 2 |
| | 43–73 | 1 | 2 | 2 | 1 | 1 | 1 | 1 |
| | 74–100 | 0 | 0 | 0 | 0 | 0 | 0 | 0 |
| 15,5–20,0 | 0–32 | 4 | 4 | 4 | 4 | 3 | 3 | 2 |
| | 33–52 | 3 | 3 | 3 | 3 | 2 | 2 | 2 |
| | 53–73 | 2 | 2 | 2 | 2 | 1 | 1 | 1 |
| | 74–100 | 1 | 1 | 1 | 1 | 0 | 0 | 0 |
| 20,5–25,0 | 0–32 | 5 | 5 | 5 | 5 | 4 | 3 | 3 |
| | 33–52 | 3 | 3 | 3 | 3 | 3 | 2 | 2 |
| | 53–73 | 2 | 2 | 2 | 2 | 2 | 2 | 1 |
| | 74–100 | 1 | 1 | 1 | 1 | 1 | 1 | 0 |
| 25,5–30,0 | 0–32 | 6 | 6 | 6 | 6 | 5 | 4 | 3 |
| | 33–52 | 4 | 4 | 4 | 4 | 3 | 3 | 3 |
| | 53–73 | 3 | 3 | 3 | 2 | 2 | 2 | 2 |
| | 74–100 | 1 | 1 | 1 | 1 | 1 | 1 | 1 |
| 30,5–35,0 | 0–32 | 7 | 7 | 7 | 7 | 6 | 5 | 4 |
| | 33–52 | 5 | 5 | 5 | 5 | 4 | 3 | 3 |
| | 53–73 | 3 | 3 | 3 | 3 | 3 | 2 | 2 |
| | 74–100 | 1 | 1 | 1 | 1 | 1 | 1 | 1 |

Tableau 7.2.

# IS Indice de sécheresse - facteurs de dessèchement journalier

| Température (°C) | Mois | | | | | | |
|---|---|---|---|---|---|---|---|
| | Avril | Mai | Juin | Juill. | Août | Sept. | Oct. |
| 10,5–15,0 | 3 | 5 | 6 | 6 | 5 | 4 | 3 |
| 15,5–20,0 | 4 | 6 | 7 | 7 | 6 | 5 | 4 |
| 20,5–25,0 | 5 | 6 | 7 | 8 | 7 | 6 | 5 |
| 25,5–30,0 | 6 | 7 | 8 | 9 | 8 | 7 | 6 |
| 30,5–35,0 | 7 | 8 | 9 | 10 | 9 | 8 | 7 |

**Tableau 8.1.**

# ICD Indice du combustible disponible

| | | | | | | IS | | | | | |
|---|---|---|---|---|---|---|---|---|---|---|---|
| **IH** | 0–19 | 20–39 | 40–59 | 60–79 | 80–99 | 100–119 | 120–139 | 140–159 | 160–179 | 180–199 | 200–224 |
| 11 | 11 | 11 | 14 | 16 | 17 | 18 | 18 | 19 | 19 | 19 | 19 |
| 12 | 12 | 12 | 15 | 17 | 18 | 19 | 19 | 20 | 20 | 21 | 21 |
| 13 | 13 | 13 | 16 | 18 | 19 | 20 | 21 | 21 | 22 | 22 | 23 |
| 14 | 13 | 14 | 16 | 19 | 20 | 21 | 22 | 23 | 23 | 24 | 24 |
| 15–16 | 15 | 15 | 17 | 20 | 22 | 23 | 24 | 25 | 25 | 26 | 26 |
| 17–18 | 17 | 17 | 19 | 21 | 24 | 25 | 26 | 27 | 28 | 28 | 29 |
| 19–20 | 19 | 19 | 20 | 23 | 25 | 27 | 28 | 29 | 30 | 31 | 32 |
| 21–22 | 21 | 21 | 21 | 24 | 27 | 29 | 30 | 32 | 33 | 33 | 34 |
| 23–24 | 23 | 23 | 23 | 25 | 28 | 31 | 32 | 34 | 35 | 36 | 37 |
| 25–27 | 25 | 26 | 26 | 27 | 30 | 33 | 35 | 36 | 38 | 39 | 40 |
| 28–30 | 28 | 29 | 29 | 29 | 32 | 35 | 37 | 39 | 41 | 42 | 43 |
| 31–33 | 31 | 32 | 32 | 32 | 34 | 37 | 40 | 42 | 43 | 45 | 46 |
| 34–36 | 34 | 34 | 35 | 35 | 35 | 39 | 42 | 44 | 46 | 48 | 50 |
| 37–39 | 37 | 37 | 38 | 38 | 38 | 41 | 44 | 46 | 49 | 51 | 52 |
| 40–43 | 41 | 41 | 41 | 41 | 41 | 43 | 46 | 49 | 51 | 54 | 56 |
| 44–47 | 44 | 45 | 45 | 45 | 45 | 45 | 48 | 52 | 54 | 57 | 59 |
| 48–51 | 48 | 49 | 49 | 49 | 49 | 49 | 51 | 54 | 57 | 60 | 63 |
| 52–55 | 52 | 53 | 53 | 53 | 53 | 53 | 53 | 56 | 60 | 63 | 66 |
| 56–60 | 57 | 57 | 57 | 58 | 58 | 58 | 58 | 59 | 63 | 66 | 69 |
| 61–65 | 62 | 62 | 62 | 62 | 63 | 63 | 63 | 63 | 65 | 69 | 72 |
| 66–70 | 67 | 67 | 67 | 67 | 68 | 68 | 68 | 68 | 68 | 72 | 75 |
| 71–75 | 72 | 72 | 72 | 72 | 72 | 73 | 73 | 73 | 73 | 74 | 78 |
| 76–81 | 77 | 77 | 77 | 78 | 78 | 78 | 78 | 78 | 78 | 78 | 82 |
| 82–87 | 83 | 83 | 83 | 84 | 84 | 84 | 84 | 84 | 84 | 84 | 85 |
| 88–93 | 89 | 89 | 89 | 89 | 90 | 90 | 90 | 90 | 90 | 90 | 90 |
| 94–100 | 95 | 95 | 96 | 96 | 96 | 96 | 96 | 97 | 97 | 97 | 97 |
| 101–107 | 102 | 102 | 102 | 103 | 103 | 103 | 103 | 103 | 104 | 104 | 104 |
| 108–115 | 109 | 110 | 110 | 110 | 110 | 110 | 111 | 111 | 111 | 111 | 111 |
| 116–124 | 118 | 118 | 118 | 118 | 119 | 119 | 119 | 119 | 119 | 119 | 120 |
| 125–134 | 127 | 127 | 127 | 128 | 128 | 128 | 128 | 128 | 129 | 129 | 129 |
| 135–145 | 137 | 137 | 138 | 138 | 138 | 138 | 139 | 139 | 139 | 139 | 139 |
| 146–157 | 148 | 149 | 149 | 149 | 149 | 150 | 150 | 150 | 150 | 150 | 151 |
| 158–170 | 160 | 161 | 161 | 161 | 162 | 162 | 162 | 162 | 162 | 163 | 163 |
| 171–186 | 174 | 175 | 175 | 175 | 176 | 176 | 176 | 176 | 177 | 177 | 177 |
| 187–205 | 191 | 192 | 192 | 192 | 193 | 193 | 193 | 193 | 194 | 194 | 194 |

**Tableau 8.2.**

# ICD Indice du combustible disponible

| | | | | | IS | | | | | |
|---|---|---|---|---|---|---|---|---|---|---|
| **IH** | 225–249 | 250–274 | 275–299 | 300–329 | 330–359 | 360–399 | 400–439 | 440–489 | 490–539 | 540–599 |
| 11 | 20 | 20 | 20 | 20 | 20 | 20 | 21 | 21 | 21 | 21 |
| 12 | 21 | 22 | 22 | 22 | 22 | 22 | 22 | 23 | 23 | 23 |
| 13 | 23 | 23 | 23 | 24 | 24 | 24 | 24 | 24 | 24 | 25 |
| 14 | 24 | 25 | 25 | 25 | 25 | 26 | 26 | 26 | 26 | 26 |
| 15–16 | 27 | 27 | 27 | 28 | 28 | 28 | 28 | 29 | 29 | 29 |
| 17–18 | 30 | 30 | 30 | 31 | 31 | 31 | 32 | 32 | 32 | 33 |
| 19–20 | 32 | 33 | 33 | 34 | 34 | 35 | 35 | 35 | 36 | 36 |
| 21–22 | 35 | 36 | 36 | 37 | 37 | 38 | 38 | 39 | 39 | 39 |
| 23–24 | 38 | 38 | 39 | 40 | 40 | 41 | 41 | 42 | 42 | 43 |
| 25–27 | 41 | 42 | 42 | 43 | 44 | 44 | 45 | 46 | 46 | 47 |
| 28–30 | 44 | 45 | 46 | 47 | 48 | 49 | 49 | 50 | 51 | 51 |
| 31–33 | 48 | 49 | 50 | 51 | 52 | 53 | 54 | 55 | 55 | 56 |
| 34–36 | 51 | 52 | 54 | 55 | 56 | 57 | 58 | 59 | 60 | 61 |
| 37–39 | 54 | 56 | 57 | 58 | 60 | 61 | 62 | 63 | 64 | 65 |
| 40–43 | 58 | 59 | 61 | 62 | 64 | 65 | 67 | 68 | 69 | 70 |
| 44–47 | 61 | 63 | 65 | 67 | 68 | 70 | 72 | 73 | 75 | 76 |
| 48–51 | 65 | 67 | 69 | 71 | 73 | 74 | 76 | 78 | 80 | 81 |
| 52–55 | 68 | 71 | 73 | 75 | 77 | 79 | 81 | 83 | 85 | 87 |
| 56–60 | 72 | 75 | 77 | 79 | 82 | 84 | 86 | 88 | 90 | 92 |
| 61–65 | 76 | 79 | 81 | 84 | 86 | 89 | 92 | 94 | 96 | 99 |
| 66–70 | 79 | 82 | 85 | 88 | 91 | 94 | 97 | 100 | 102 | 105 |
| 71–75 | 82 | 86 | 89 | 92 | 95 | 98 | 102 | 105 | 108 | 111 |
| 76–81 | 86 | 90 | 93 | 97 | 100 | 103 | 107 | 110 | 114 | 117 |
| 82–87 | 89 | 94 | 97 | 101 | 105 | 108 | 112 | 116 | 120 | 123 |
| 88–93 | 93 | 97 | 101 | 105 | 109 | 113 | 118 | 122 | 126 | 130 |
| 94–100 | 97 | 101 | 105 | 110 | 114 | 118 | 123 | 127 | 132 | 136 |
| 101–107 | 104 | 104 | 109 | 114 | 119 | 123 | 128 | 133 | 138 | 143 |
| 108–115 | 111 | 111 | 113 | 118 | 123 | 128 | 134 | 139 | 145 | 150 |
| 116–124 | 120 | 120 | 120 | 123 | 128 | 133 | 140 | 146 | 152 | 157 |
| 125–134 | 129 | 129 | 129 | 129 | 134 | 139 | 146 | 153 | 159 | 165 |
| 135–145 | 139 | 140 | 140 | 140 | 140 | 145 | 153 | 160 | 167 | 173 |
| 146–157 | 151 | 151 | 151 | 151 | 151 | 151 | 159 | 167 | 175 | 182 |
| 158–170 | 163 | 163 | 163 | 164 | 164 | 164 | 166 | 174 | 183 | 191 |
| 171–186 | 177 | 177 | 178 | 178 | 178 | 178 | 178 | 182 | 191 | 200 |
| 187–205 | 194 | 195 | 195 | 195 | 195 | 195 | 196 | 196 | 201 | 211 |

**Tableau 9.1.**
**$V_p$ à l'équilibre (m/min)**
**Classe d'intensité de l'incendie**

# C-1 Pessière à lichens

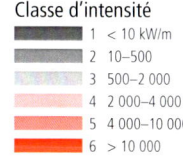
| IPI | 0–20 | 21–30 | 31–40 | 41–60 | 61–80 | | 81–120 | 121–160 | 161–200 |
|---|---|---|---|---|---|---|---|---|---|
| | | | | | **ICD** | | | | |
| 1 | 0 | 0 | 0 | 0 | 0 | ① | 0 | 0 | 0 |
| 2 | 0 | 0 | 0 | 0 | 0 | | 0 | 0 | 0 |
| 3 | <0,1 | <0,1 | <0,1 | <0,1 | <0,1 | ② | <0,1 | <0,1 | <0,1 |
| 4 | <0,1 | 0,1 | 0,1 | 0,1 | 0,1 | | 0,1 | 0,1 | 0,1 |
| 5 | 0,2 | 0,2 | 0,3 | 0,3 | 0,3 | | 0,3 | 0,3 | 0,3 |
| 6 | 0,4 | 0,5 | 0,5 | 0,5 | 0,6 | | 0,6 | 0,6 | 0,6 |
| 7 | 0,6 | 0,8 | 0,9 | 0,9 | 1 | | 1 | 1 | 1 |
| 8 | 1 | 1 | 1 | 1 | 2 | | 2 | 2 | 2 |
| 9 | 1 | 2* | 2* | 2* | 2* | ③ | 2* | 2* | 2* |
| 10 | 2* | 3* | 3* | 3* | 3* | | 3* | 3* | 3* |
| 11 | 3* | 4* | 4* | 4* | 4* | | 4* | 5* | 5* |
| 12 | 4* | 5* | 5* | 5* | 6* | ④ | 6* | 6* | 6* |
| 13 | 5* | 6* | 7* | 7* | 7* | | 7* | 7* | 7* |
| 14 | 6* | 8* | 8* | 9* | 9* | | 9* | 9* | 9* |
| 15 | 7* | 9* | 10* | 10* | 11* | ⑤ | 11* | 11* | 11* |
| 16 | 8* | 11* | 12 | 12 | 13 | | 13 | 13 | 13 |
| 17 | 9* | 13 | 14 | 14 | 15 | | 15 | 15 | 15 |
| 18 | 11* | 15 | 16 | 16 | 17 | | 17 | 17 | 18 |
| 19 | 12 | 17 | 18 | 19 | 19 | ⑥ | 20 | 20 | 20 |
| 20 | 14 | 19 | 20 | 21 | 21 | | 22 | 22 | 22 |
| 21–25 | 18 | 25 | 27 | 28 | 29 | | 29 | 30 | 30 |
| 26–30 | 26 | 35 | 38 | 39 | 40 | | 41 | 42 | 42 |
| 31–35 | 33 | 45 | 48 | 50 | 51 | | 52 | 53 | 54 |
| 36–40 | 39 | 53 | 56 | 59 | 60 | | 62 | 63 | 63 |
| 41–45 | 44 | 59 | 63 | 66 | 68 | | 69 | 70 | 71 |
| 46–50 | 47 | 64 | 68 | 71 | 73 | | 75 | 76 | 77 |
| 51–55 | 50 | 68 | 72 | 75 | 78 | | 79 | 81 | 81 |
| 56–60 | 52 | 71 | 75 | 78 | 81 | | 83 | 84 | 85 |
| 61–65 | 54 | 73 | 77 | 81 | 83 | | 85 | 86 | 87 |
| 66–70 | 55 | 75 | 79 | 83 | 85 | | 87 | 88 | 89 |

Valeurs constantes : humidité foliaire = 97 %; HBC = 2 m; consumation totale du combustible de surface pour un ICL de 90. □ = ICD₀. Catégorie d'incendie : Nombres en noir = feu de surface avec une FCC <10 %, nombres en noir avec * = feu de cimes intermittent avec une FCC entre 10 et 89 %, nombres en blanc = **feu de cimes continu**, ▬ = approximativement une valeur de FCC de 50 %. ◯ = Classe d'intensité.

**Tableau 9.2.**
**$V_p$ à l'équilibre (m/min)**
**Classe d'intensité de l'incendie**

# C-2 Pessière boréale

Classe d'intensité
- 1  < 10 kW/m
- 2  10–500
- 3  500–2 000
- 4  2 000–4 000
- 5  4 000–10 000
- 6  > 10 000

| IPI | 0–20 | 21–30 | 31–40 | 41–60 | 61–80 | 81–120 | 121–160 | 161–200 |
|---|---|---|---|---|---|---|---|---|
| | | | | | ICD | | | |
| 1 | 0,1 | 0,3 | 0,4 | ② 0,5 | 0,5 | 0,6 | 0,6 | 0,6 |
| 2 | 0,3 | 0,9 | 1 | ③ 1 | 1 | 2* | 2* | 2* |
| 3 | 0,6 | 2 | 2 | 2* | 3* | 3* | 3* | 3* |
| 4 | 0,9 | 3 | 3* | 4* | 4* | 4* | 4* | 5* |
| 5 | 1 | 3* | 4* | ④ 5* | 5* | 6* | 6* | 6* |
| 6 | 2 | 4* | 5* | 6* | 7* | 7* | 8* | 8* |
| 7 | 2 | 5* | 7* | 8* | 9* | 9* | 10* | 10* |
| 8 | 2 | 7* | 8* | ⑤ 9* | 10* | 11 | 12 | 12 |
| 9 | 3 | 8* | 9* | 11* | 12 | 13 | 14 | 14 |
| 10 | 3 | 9* | 11* | 12 | 14 | 15 | 16 | 16 |
| 11 | 4 | 10* | 12 | 14 | 16 | 17 | 18 | 18 |
| 12 | 4 | 11* | 14 | 16 | 17 | 19 | 20 | 20 |
| 13 | 4 | 12 | 15 | 17 | 19 | 21 | 22 | 22 |
| 14 | 5 | 13 | 16 | ⑥ 19 | 21 | 23 | 24 | 25 |
| 15 | 5 | 15 | 18 | 21 | 23 | 25 | 26 | 27 |
| 16 | 6* | 16 | 19 | 22 | 25 | 27 | 28 | 29 |
| 17 | 6* | 17 | 21 | 24 | 27 | 29 | 30 | 31 |
| 18 | 6* | 18 | 22 | 26 | 28 | 31 | 32 | 33 |
| 19 | 7* | 19 | 23 | 27 | 30 | 33 | 34 | 35 |
| 20 | 7* | 20 | 25 | 29 | 32 | 34 | 36 | 37 |
| 21–25 | 8* | 24 | 29 | 34 | 37 | 40 | 42 | 43 |
| 26–30 | 10* | 29 | 35 | 41 | 46 | 49 | 52 | 53 |
| 31–35 | 12* | 34 | 41 | 48 | 53 | 57 | 60 | 62 |
| 36–40 | 14* | 39 | 47 | 54 | 60 | 65 | 68 | 70 |
| 41–45 | 15* | 43 | 52 | 60 | 66 | 72 | 75 | 78 |
| 46–50 | 16 | 46 | 56 | 65 | 72 | 78 | 82 | 84 |
| 51–55 | 17 | 49 | 60 | 70 | 77 | 83 | 87 | 90 |
| 56–60 | 18 | 52 | 64 | 74 | 82 | 88 | 92 | 95 |
| 61–65 | 19 | 55 | 67 | 77 | 85 | 92 | 97 | 100 |
| 66–70 | 20 | 57 | 69 | 80 | 89 | 96 | 101 | 104 |

Valeurs constantes : humidité foliaire = 97 %; HBC = 3 m. □ = $ICD_0$. Catégorie d'incendie : Nombres en noir = feu de surface avec une FCC < 10 %, nombres en noir avec * = feu de cimes intermittent avec une FCC entre 10 et 89 %, nombres en blanc = **feu de cimes continu**, ▬ = approximativement une valeur de FCC de 50 %. ○ = Classe d'intensité.

**Tableau 9.3.**
**V$_p$ à l'équilibre (m/min)**
**Classe d'intensité de l'incendie**

# C-3 Pins gris ou pins tordus à maturité

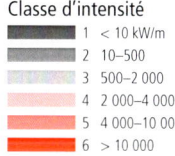

Classe d'intensité
1  < 10 kW/m
2  10–500
3  500–2 000
4  2 000–4 000
5  4 000–10 000
6  > 10 000

| IPI | 0–20 | 21–30 | 31–40 | 41–60 | 61–80 | 81–120 | 121–160 | 161–200 |
|---|---|---|---|---|---|---|---|---|
| 1 | 0 | 0 | 0 | 0 | 0 | ① 0 | <0,1 | <0,1 |
| 2 | <0,1 | <0,1 | <0,1 | <0,1 | <0,1 | <0,1 | <0,1 | <0,1 |
| 3 | <0,1 | 0,2 | 0,2 | 0,2 | 0,2 | ② 0,2 | 0,2 | 0,2 |
| 4 | 0,1 | 0,3 | 0,4 | 0,4 | 0,5 | 0,5 | 0,5 | 0,6 |
| 5 | 0,3 | 0,6 | 0,7 | 0,8 | 0,9 | ③ 0,9 | 1 | 1 |
| 6 | 0,4 | 1 | 1 | 1 | 1 | 2 | 2 | 2 |
| 7 | 0,6 | 2 | 2 | 2 | 2 | ④ 2 | 2 | 2 |
| 8 | 0,9 | 2 | 2 | 3 | 3 | 3 | 3 | 3* |
| 9 | 1 | 3 | 3 | 4 | 4 | ⑤ 4 | 4* | 5* |
| 10 | 2 | 4 | 4 | 5 | 5 | 6* | 6* | 6* |
| 11 | 2 | 5 | 5 | 6 | 7* | 7* | 7* | 7* |
| 12 | 2 | 6 | 7 | 7 | 8* | 8* | 9* | 9* |
| 13 | 3 | 7 | 8 | 9 | 10* | ⑥ 10* | 11* | 11* |
| 14 | 3 | 8 | 9 | 10* | 11* | 12* | 12* | 13* |
| 15 | 4 | 9 | 11 | 12* | 13* | 14* | 14 | 15 |
| 16 | 4 | 10 | 12 | 14* | 15* | 16 | 16 | 17 |
| 17 | 5 | 12 | 14 | 16* | 17 | 18 | 19 | 19 |
| 18 | 6 | 13 | 15 | 17* | 19 | 20 | 21 | 21 |
| 19 | 6 | 15 | 17* | 19 | 21 | 22 | 23 | 24 |
| 20 | 7 | 16 | 19* | 21 | 23 | 25 | 26 | 26 |
| 21–25 | 9 | 21 | 24* | 27 | 30 | 31 | 33 | 34 |
| 26–30 | 12 | 28* | 33 | 38 | 41 | 43 | 45 | 46 |
| 31–35 | 16 | 36* | 42 | 47 | 51 | 55 | 57 | 58 |
| 36–40 | 18 | 43 | 50 | 56 | 61 | 65 | 68 | 69 |
| 41–45 | 21 | 49 | 57 | 64 | 70 | 74 | 77 | 79 |
| 46–50 | 23 | 54 | 63 | 71 | 77 | 82 | 86 | 88 |
| 51–55 | 25 | 58 | 69 | 77 | 84 | 89 | 93 | 95 |
| 56–60 | 27 | 62 | 73 | 82 | 89 | 95 | 99 | 101 |
| 61–65 | 28 | 65 | 77 | 86 | 94 | 100 | 104 | 106 |
| 66–70 | 29 | 68 | 80 | 90 | 97 | 103 | 108 | 110 |

ICD (en-tête couvrant les colonnes 61–80)

Valeurs constantes : humidité foliaire = 97 %; HBC = 8 m. □ = ICD₀. Catégorie d'incendie : Nombres en noir = feu de surface avec une FCC < 10 %, nombres en noir avec * = feu de cimes intermittent avec une FCC entre 10 et 89 %, nombres en blanc = **feu de cimes continu**, ▬ = approximativement une valeur de FCC de 50 %. ◯ = Classe d'intensité.

**Tableau 9.4.**
**$V_p$ à l'équilibre (m/min)**
**Classe d'intensité de l'incendie**

Classe d'intensité
- 1  < 10 kW/m
- 2  10–500
- 3  500–2 000
- 4  2 000–4 000
- 5  4 000–10 000
- 6  > 10 000

# C-4 Jeunes pins gris ou pins tordus

| IPI | 0–20 | 21–30 | 31–40 | 41–60 | ICD 61–80 | 81–120 | 121–160 | 161–200 |
|---|---|---|---|---|---|---|---|---|
| 1 | 0,2 ① | 0,4 | 0,5 | 0,5 | 0,5 | 0,6 | 0,6 | 0,6 |
| 2 | 0,6 | 1 | 1 | 1 | 2 | 2 | 2* | 2* |
| 3 | 1 ② | 2 | 2 | 3 | 3* | 3* | 3* | 3* |
| 4 | 2 | 3 | 3 | 4* | 4* | 4* | 4* | 5* |
| 5 | 2 | 4 | 5 | 5* | 6* | 6* | 6* | 6* |
| 6 | 3 ③ | 5 | 6* | 7* | 7* | 8* | 8* | 8* |
| 7 | 4 | 7 | 8* | 8* | 9* | 9* | 10* | 10* |
| 8 | 4 | 8 | 9* | 10* | 11* | 11* | 11 | 12 |
| 9 | 5 | 9 | 11* | 12* | 12 | 13 | 13 | 14 |
| 10 | 6 ④ | 11* | 12* | 13 | 14 | 15 | 15 | 16 |
| 11 | 6 | 12* | 14* | 15 | 16 | 17 | 17 | 18 |
| 12 | 7 | 14* | 15* | 17 | 18 | 19 | 19 | 20 |
| 13 | 8 ⑤ | 15* | 17 | 19 | 20 | 21 | 21 | 22 |
| 14 | 9 | 16* | 19 | 20 | 22 | 23 | 23 | 24 |
| 15 | 9 | 18* | 20 | 22 | 24 | 25 | 26 | 26 |
| 16 | 10 | 19* | 22 | 24 | 25 | 27 | 28 | 28 |
| 17 | 11 | 21 | 23 | 26 | 27 | 29 | 30 | 30 |
| 18 | 12 | 22 | 25 | 27 | 29 | 31 | 32 | 32 |
| 19 | 12 | 23 | 27 | 29 | 31 | 33 | 34 | 34 |
| 20 | 13 ⑥ | 25 | 28 | 31 | 33 | 34 | 36 | 36 |
| 21–25 | 15 | 29 | 33 | 36 | 38 | 40 | 41 | 42 |
| 26–30 | 18 | 35 | 40 | 44 | 47 | 49 | 50 | 51 |
| 31–35 | 21 | 41 | 46 | 51 | 54 | 57 | 59 | 60 |
| 36–40 | 24 | 46 | 52 | 57 | 61 | 64 | 66 | 67 |
| 41–45 | 27 | 51 | 58 | 63 | 67 | 71 | 73 | 74 |
| 46–50 | 29 | 55 | 62 | 69 | 73 | 76 | 79 | 80 |
| 51–55 | 31 | 59 | 67 | 73 | 78 | 82 | 84 | 86 |
| 56–60 | 32 | 62 | 70 | 77 | 82 | 86 | 89 | 90 |
| 61–65 | 34 | 65 | 74 | 81 | 86 | 90 | 93 | 95 |
| 66–70 | 35 | 67 | 76 | 84 | 89 | 94 | 97 | 98 |

Valeurs constantes : humidité foliaire = 97 % ; HBC = 4 m. □ = $ICD_0$. Catégorie d'incendie : Nombres en noir = feu de surface avec une FCC < 10 %, nombres en noir avec * = feu de cimes intermittent avec une FCC entre 10 et 89 %, nombres en blanc = **feu de cimes continu**, ▬ = approximativement une valeur de FCC de 50 %. ◯ = Classe d'intensité.

**Tableau 9.5.**
**$V_p$ à l'équilibre (m/min)**
**Classe d'intensité de l'incendie**

# C-5 Pins rouges et pins blancs

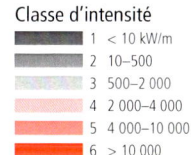

Classe d'intensité
- 1  < 10 kW/m
- 2  10–500
- 3  500–2 000
- 4  2 000–4 000
- 5  4 000–10 000
- 6  > 10 000

| IPI | ICD 0–20 | 21–30 | 31–40 | 41–60 | 61–80 | 81–120 | 121–160 | 161–200 |
|---|---|---|---|---|---|---|---|---|
| 1 | 0 | 0 | 0 | 0 ① | 0 | 0 | 0 | 0 |
| 2 | 0 | 0 | 0 | 0 | 0 | 0 | 0 | 0 |
| 3 | <0,1 | <0,1 | <0,1 | <0,1 | <0,1 | <0,1 | <0,1 | <0,1 |
| 4 | <0,1 | <0,1 | <0,1 | 0,1 | 0,1 ② | 0,1 | 0,1 | 0,1 |
| 5 | <0,1 | 0,2 | 0,2 | 0,2 | 0,2 | 0,2 | 0,3 | 0,3 |
| 6 | 0,2 | 0,3 | 0,4 | 0,4 | 0,4 | 0,4 | 0,5 | 0,5 |
| 7 | 0,3 | 0,5 | 0,6 | 0,7 | 0,7 | 0,7 | 0,8 | 0,8 |
| 8 | 0,4 | 0,8 | 0,9 | 1 | 1 | 1 | 1 | 1 |
| 9 | 0,6 | 1 | 1 | 1 | 1 | 2 | 2 | 2 |
| 10 | 0,8 | 2 | 2 | 2 | 2 | 2 | 2 | 2 |
| 11 | 1 | 2 | 2 | 2 | 3 ③ | 3 | 3 | 3 |
| 12 | 1 | 2 | 3 | 3 | 3 | 3 | 3 | 4 |
| 13 | 2 | 3 | 3 | 4 | 4 | 4 | 4 | 4 |
| 14 | 2 | 4 | 4 | 4 | 5 | 5 | 5 | 5 |
| 15 | 2 | 4 | 5 | 5 | 6 ④ | 6 | 6 | 6 |
| 16 | 3 | 5 | 5 | 6 | 6 | 7 | 7 | 7 |
| 17 | 3 | 5 | 6 | 7 | 7 | 8 | 8 | 8 |
| 18 | 3 | 6 | 7 | 8 | 8 | 9 | 9 | 9 |
| 19 | 4 | 7 | 8 | 9 | 9 | 10 | 10 | 10 |
| 20 | 4 | 8 | 9 | 9 | 10 ⑤ | 10 | 11 | 11* |
| 21–25 | 5 | 10 | 11 | 12 | 13 | 13 | 14* | 14* |
| 26–30 | 7 | 13 | 14 | 16 | 17 | 18* | 18* | 19* |
| 31–35 | 8 | 15 | 18 | 19 | 20 | 21* | 22 | 23 |
| 36–40 | 9 | 18 | 20 | 22 | 23 | 24* | 25 | 26 |
| 41–45 | 10 | 19 | 22 | 24 | 25* ⑥ | 27 | 28 | 28 |
| 46–50 | 11 | 20 | 23 | 25 | 27* | 28 | 29 | 30 |
| 51–55 | 11 | 21 | 24 | 27 | 28* | 30 | 31 | 31 |
| 56–60 | 11 | 22 | 25 | 27 | 29* | 31 | 32 | 32 |
| 61–65 | 12 | 22 | 25 | 28 | 30* | 31 | 32 | 33 |
| 66–70 | 12 | 23 | 26 | 28 | 30* | 32 | 33 | 33 |

Valeurs constantes : humidité foliaire = 97 %; HBC = 18 m. □ = ICD₀. Catégorie d'incendie : Nombres en noir = feu de surface avec une FCC < 10 %, nombres en noir avec * = feu de cimes intermittent avec une FCC entre 10 et 89 %, nombres en blanc = feu de cimes continu, ▬ = approximativement une valeur de FCC de 50 %. ○ = Classe d'intensité.

Tableau 9.6.
**$V_p$ à l'équilibre (m/min)**
**Classe d'intensité de l'incendie**

# C-6 Plantation de conifères, HBC de 7 m

Classe d'intensité
| | |
|---|---|
| 1 | < 10 kW/m |
| 2 | 10–500 |
| 3 | 500–2 000 |
| 4 | 2 000–4 000 |
| 5 | 4 000–10 000 |
| 6 | > 10 000 |

| IPI | ICD 0–20 | 21–30 | 31–40 | 41–60 | 61–80 | 81–120 | 121–160 | 161–200 |
|---|---|---|---|---|---|---|---|---|
| 1 | 0 | <0,1 | <0,1 | <0,1 | <0,1 ① | <0,1 | <0,1 | <0,1 |
| 2 | <0,1 | <0,1 | <0,1 | <0,1 | <0,1 | 0,1 | 0,1 | 0,1 |
| 3 | 0,1 | 0,2 | 0,3 | 0,3 | 0,3 ② | 0,3 | 0,3 | 0,3 |
| 4 | 0,2 | 0,5 | 0,5 | 0,6 | 0,6 | 0,7 | 0,7 | 0,7 |
| 5 | 0,4 | 0,8 | 0,9 | 1 | 1 | 1 | 1 | 1 |
| 6 | 0,7 | 1 | 1 | 2 | 2 | 2 | 2 | 2 |
| 7 | 1 | 2 | 2 | 2 ③ | 2 | 3 | 3 | 4 |
| 8 | 1 | 2 | 3 | 3 | 3 | 3 | 6* | 7* |
| 9 | 2 | 3 | 4 | 4 | 4 ④ | 7* | 10* | 11* |
| 10 | 2 | 4 | 4 | 5 | 5 | 11* | 14* | 15* |
| 11 | 2 | 5 | 5 | 6 | 8 ⑤ | 15* | 18* | 19* |
| 12 | 3 | 5 | 6 | 7 | 13* | 19* | 21* | 22* |
| 13 | 3 | 6 | 7 | 8 | 17* | 22* | 24* | 24* |
| 14 | 4 | 7 | 8 | 9 | 21* | 25* | 26* | 27* |
| 15 | 4 | 8 | 9 | 10 | 24* | 28* | 29* | 29* |
| 16 | 5 | 9 | 10 | 16* | 27* ⑥ | 30* | 31* | 31 |
| 17 | 5 | 10 | 11 | 20* | 30* | 32* | 33 | 33 |
| 18 | 5 | 10 | 12 | 24* | 32* | 34 | 34 | 34 |
| 19 | 6 | 11 | 13 | 28* | 34* | 35 | 36 | 36 |
| 20 | 6 | 12 | 13 | 30* | 35* | 37 | 37 | 37 |
| 21–25 | 7 | 14 | 16 | 37* | 40 | 40 | 40 | 41 |
| 26–30 | 9 | 17 | 22* | 43 | 45 | 45 | 45 | 45 |
| 31–35 | 10 | 19 | 34* | 47 | 48 | 48 | 48 | 48 |
| 36–40 | 10 | 20 | 41* | 50 | 51 | 51 | 51 | 51 |
| 41–45 | 11 | 21 | 45* | 52 | 53 | 53 | 53 | 53 |
| 46–50 | 11 | 22 | 48* | 54 | 54 | 54 | 54 | 54 |
| 51–55 | 12 | 22 | 50* | 55 | 56 | 56 | 56 | 56 |
| 56–60 | 12 | 23 | 51* | 56 | 57 | 57 | 57 | 57 |
| 61–65 | 12 | 23 | 52* | 57 | 57 | 57 | 57 | 57 |
| 66–70 | 12 | 23 | 53* | 58 | 58 | 58 | 58 | 58 |

Valeurs constantes : humidité foliaire = 97 %; HBC = 7 m. □ = $ICD_0$. Catégorie d'incendie : Nombres en noir = feu de surface avec une FCC < 10 %, nombres en noir avec * = feu de cimes intermittent avec une FCC entre 10 et 89 %, nombres en blanc = **feu de cimes continu**, ___ = approximativement une valeur de FCC de 50 %. ◯ = Classe d'intensité.

# Tableau 9.7.
**Vp à l'équilibre (m/min)**
**Classe d'intensité de l'incendie**

## C-6 Plantation de conifères, HBC de 2 m

**Classe d'intensité**

| | |
|---|---|
| 1 | < 10 kW/m |
| 2 | 10–500 |
| 3 | 500–2 000 |
| 4 | 2 000–4 000 |
| 5 | 4 000–10 000 |
| 6 | > 10 000 |

ICD

| IPI | 0–20 | 21–30 | 31–40 | 41–60 | 61–80 | 81–120 | 121–160 | 161–200 |
|---|---|---|---|---|---|---|---|---|
| 1 | 0 | <0,1 | <0,1 | <0,1 | (1)<0,1 | <0,1 | <0,1 | <0,1 |
| 2 | <0,1 | <0,1 | <0,1 | <0,1 | <0,1 | 0,1 | 0,1 | 0,1 |
| 3 | 0,1 | 0,2 | 0,3 | 0,3 | 0,3 | 0,3 | 0,3 | 0,3 |
| 4 | 0,2 | 0,5 | 0,5 | 0,6 | (2)0,6 | 0,9 | 1 | 1 |
| 5 | 0,4 | 0,8 | 0,9 | 1 | (3)2 | 3* | 3* | 3* |
| 6 | 0,7 | 1 | 1 | 2 | (4)4* | 5* | 6* | 6* |
| 7 | 1 | 2 | 2 | 5* | 7* | 8* | 9* | 9* |
| 8 | 1 | 2 | 3 | 8* | (5)10* | 11* | 12* | 12* |
| 9 | 2 | 3 | 6* | 11* | 13* | 14* | 15* | 15* |
| 10 | 2 | 4 | 10* | 15* | (6)17* | 17* | 18* | 18* |
| 11 | 2 | 5 | 14* | 18* | 20* | 20* | 21* | 21* |
| 12 | 3 | 6 | 17* | 21* | 22* | 23* | 23* | 24* |
| 13 | 3 | 11* | 21* | 24* | 25* | 25* | 26* | 26* |
| 14 | 4 | 15* | 23* | 26* | 27* | 28* | 28* | 28* |
| 15 | 4 | 19* | 26* | 28* | 29* | 30 | 30 | 30 |
| 16 | 5 | 22* | 28* | 30* | 31 | 31 | 32 | 32 |
| 17 | 5 | 25* | 31* | 32 | 33 | 33 | 33 | 33 |
| 18 | 5 | 27* | 32* | 34 | 34 | 35 | 35 | 35 |
| 19 | 6 | 30* | 34* | 35 | 36 | 36 | 36 | 36 |
| 20 | 6 | 32* | 36 | 37 | 37 | 37 | 37 | 37 |
| 21–25 | 7 | 37* | 40 | 40 | 40 | 41 | 41 | 41 |
| 26–30 | 9 | 43 | 44 | 45 | 45 | 45 | 45 | 45 |
| 31–35 | 10 | 47 | 48 | 48 | 48 | 48 | 48 | 48 |
| 36–40 | 10 | 50 | 51 | 51 | 51 | 51 | 51 | 51 |
| 41–45 | 11 | 52 | 53 | 53 | 53 | 53 | 53 | 53 |
| 46–50 | 11 | 54 | 54 | 54 | 54 | 54 | 54 | 54 |
| 51–55 | 12 | 55 | 56 | 56 | 56 | 56 | 56 | 56 |
| 56–60 | 12 | 56 | 56 | 57 | 57 | 57 | 57 | 57 |
| 61–65 | 12 | 57 | 57 | 57 | 57 | 57 | 57 | 57 |
| 66–70 | 12 | 57 | 58 | 58 | 58 | 58 | 58 | 58 |

Valeurs constantes : humidité foliaire = 97 %; HBC = 2 m. □ = ICD₀. Catégorie d'incendie : Nombres en noir = feu de surface avec une FCC < 10 %, nombres en noir avec * = feu de cimes intermittent avec une FCC entre 10 et 89 %, nombres en blanc = **feu de cimes continu** , — = approximativement une valeur de FCC de 50 %. ◯ = Classe d'intensité.

Tableau 9.8.
Vp à l'équilibre (m/min)
Classe d'intensité de l'incendie

**Tableau 9.8.**
**$V_p$ à l'équilibre (m/min)**
**Classe d'intensité de l'incendie**

# C-7 Pins ponderosas et douglas taxifoliés

Classe d'intensité

| | |
|---|---|
| � 1 | < 10 kW/m |
| 2 | 10–500 |
| 3 | 500–2 000 |
| 4 | 2 000–4 000 |
| 5 | 4 000–10 000 |
| 6 | > 10 000 |

| IPI | ICD 0–20 | 21–30 | 31–40 | 41–60 | 61–80 | 81–120 | 121–160 | 161–200 |
|---|---|---|---|---|---|---|---|---|
| 1 | <0,1 | <0,1 | <0,1 | <0,1 | <0,1 | <0,1 | <0,1 | <0,1 |
| 2 | <0,1 | 0,1 | 0,1 | 0,1 | 0,2 | ② 0,2 | 0,2 | 0,2 |
| 3 | 0,2 | 0,3 | 0,3 | 0,3 | 0,3 | 0,3 | 0,4 | 0,4 |
| 4 | 0,3 | 0,5 | 0,5 | 0,5 | 0,6 | 0,6 | 0,6 | 0,6 |
| 5 | 0,4 | 0,7 | 0,8 | 0,8 | 0,9 | 0,9 | 0,9 | 0,9 |
| 6 | 0,6 | 1 | 1 | 1 | 1 | ③ 1 | 1 | 1 |
| 7 | 0,8 | 1 | 1 | 2 | 2 | 2 | 2 | 2 |
| 8 | 1 | 2 | 2 | 2 | 2 | 2 | 2 | 2 |
| 9 | 1 | 2 | 2 | 2 | 2 | 3 | 3 | 3 |
| 10 | 2 | 2 | 3 | 3 | 3 | ④ 3 | 3 | 3 |
| 11 | 2 | 3 | 3 | 3 | 4 | 4 | 4 | 4 |
| 12 | 2 | 3 | 4 | 4 | 4 | 4 | 4 | 4 |
| 13 | 2 | 4 | 4 | 4 | 5 | 5 | 5 | 5 |
| 14 | 3 | 4 | 5 | 5 | 5 | ⑤ 5 | 6 | 6 |
| 15 | 3 | 5 | 5 | 6 | 6 | 6 | 6* | 6* |
| 16 | 3 | 5 | 6 | 6 | 6* | 7* | 7* | 7* |
| 17 | 4 | 6 | 6 | 7* | 7* | 7* | 8* | <u>8*</u> |
| 18 | 4 | 6 | 7 | 7* | 8* | 8* | <u>8*</u> | 8* |
| 19 | 4 | 7 | 7* | 8* | 8* | <u>9*</u> | 9* | 9* |
| 20 | 5 | 7 | 8* | <u>9*</u> | 9* | 9* | 10* | 10* |
| 21–25 | 6 | 9* | <u>10*</u> | 11* | 11* | ⑥ 11* | 12* | 12* |
| 26–30 | 7 | <u>12*</u> | 13* | 14* | 14* | 15* | 15* | 15* |
| 31–35 | 9 | 14* | 16* | 17 | 17 | 18 | 18 | 19 |
| 36–40 | 10* | 17* | 18 | 19 | 20 | 21 | 22 | 22 |
| 41–45 | <u>12*</u> | 19 | 21 | 22 | 23 | 24 | 24 | 25 |
| 46–50 | 13* | 21 | 23 | 24 | 26 | 26 | 27 | 27 |
| 51–55 | 14* | 23 | 25 | 27 | 28 | 29 | 29 | 30 |
| 56–60 | 15* | 24 | 27 | 28 | 30 | 31 | 32 | 32 |
| 61–65 | 16* | 26 | 28 | 30 | 32 | 33 | 33 | 34 |
| 66–70 | 17* | 27 | 30 | 32 | 33 | 34 | 35 | 36 |

Valeurs constantes : humidité foliaire = 97 %; HBC = 10 m. Consumation du combustible du sol forestier pour un ICD de 90. □ = ICD₀. Catégorie d'incendie : Nombres en noir = feu de surface avec une FCC < 10 %, nombres en noir avec * = feu de cimes intermittent avec une FCC entre 10 et 89 %, nombres en blanc = **feu de cimes continu**, — = approximativement une valeur de FCC de 50 %. ◯ = Classe d'intensité.

Tableau 9.9.
$V_p$ à l'équilibre (m/min)
Classe d'intensité de l'incendie

# D-1 Peupliers faux-trembles sans feuilles

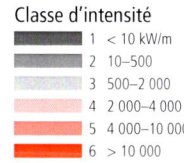

Classe d'intensité
- 1 < 10 kW/m
- 2 10–500
- 3 500–2 000
- 4 2 000–4 000
- 5 4 000–10 000
- 6 > 10 000

| IPI | ICD 0–20 | 21–30 | 31–40 | 41–60 | 61–80 | 81–120 | 121–160 | 161–200 |
|---|---|---|---|---|---|---|---|---|
| 1 | <0,1 | <0,1 | <0,1 | <0,1 | <0,1 | <0,1 | <0,1 | <0,1 |
| 2 | 0,1 | 0,2 | 0,2 | 0,2 | 0,2 | 0,2 | 0,2 | 0,2 |
| 3 | 0,3 | 0,4 | 0,4 | 0,4 | 0,4 | 0,4 | 0,5 | 0,5 |
| 4 | 0,4 | 0,6 | 0,6 | 0,7 | 0,7 | 0,7 | 0,7 | 0,7 |
| 5 | 0,6 | 0,8 | 0,9 | 0,9 | 1 | 1 | 1 | 1 |
| 6 | 0,8 | 1 | 1 | 1 | 1 | 1 | 1 | 1 |
| 7 | 1 | 1 | 1 | 2 | 2 | 2 | 2 | 2 |
| 8 | 1 | 2 | 2 | 2 | 2 | 2 | 2 | 2 |
| 9 | 1 | 2 | 2 | 2 | 2 | 2 | 2 | 2 |
| 10 | 2 | 2 | 2 | 3 | 3 | 3 | 3 | 3 |
| 11 | 2 | 3 | 3 | 3 | 3 | 3 | 3 | 3 |
| 12 | 2 | 3 | 3 | 3 | 3 | 3 | 4 | 4 |
| 13 | 2 | 3 | 4 | 4 | 4 | 4 | 4 | 4 |
| 14 | 3 | 4 | 4 | 4 | 4 | 4 | 4 | 4 |
| 15 | 3 | 4 | 4 | 4 | 5 | 5 | 5 | 5 |
| 16 | 3 | 4 | 5 | 5 | 5 | 5 | 5 | 5 |
| 17 | 4 | 5 | 5 | 5 | 5 | 6 | 6 | 6 |
| 18 | 4 | 5 | 5 | 6 | 6 | 6 | 6 | 6 |
| 19 | 4 | 6 | 6 | 6 | 6 | 6 | 7 | 7 |
| 20 | 4 | 6 | 6 | 7 | 7 | 7 | 7 | 7 |
| 21–25 | 5 | 7 | 7 | 8 | 8 | 8 | 8 | 8 |
| 26–30 | 6 | 9 | 9 | 10 | 10 | 10 | 10 | 11 |
| 31–35 | 8 | 11 | 11 | 12 | 12 | 12 | 13 | 13 |
| 36–40 | 9 | 12 | 13 | 14 | 14 | 14 | 14 | 15 |
| 41–45 | 10 | 14 | 15 | 15 | 16 | 16 | 16 | 16 |
| 46–50 | 11 | 15 | 16 | 17 | 17 | 18 | 18 | 18 |
| 51–55 | 12 | 17 | 18 | 18 | 19 | 19 | 20 | 20 |
| 56–60 | 13 | 18 | 19 | 20 | 20 | 21 | 21 | 21 |
| 61–65 | 14 | 19 | 20 | 21 | 22 | 22 | 22 | 23 |
| 66–70 | 15 | 20 | 21 | 22 | 23 | 23 | 24 | 24 |

Remarque : Les feux de cimes ne sont pas susceptibles de se produire avec le combustible de type feuillu, mais des feux de surface de forte intensité pourraient survenir. □ = ICD₀. Catégorie d'incendie : feu de surface avec une FCC < 10 %. ○ = Classe d'intensité.

41

Tableau 9.10.
**$V_p$ à l'équilibre (m/min)**
**Classe d'intensité de l'incendie**

# D-2 Peupliers faux-trembles avec feuilles

Classe d'intensité

| | |
|---|---|
| 1 | < 10 kW/m |
| 2 | 10–500 |
| 3 | 500–2 000 |
| 4 | 2 000–4 000 |
| 5 | 4 000–10 000 |
| 6 | > 10 000 |

| | | | | ICD | | | | |
|---|---|---|---|---|---|---|---|---|
| **IPI** | 0–20 | 21–30 | 31–40 | 41–60 | 61–80 | 81–120 | 121–160 | 161–200 |
| 1 | 0 | 0 | 0 | 0 | <0,1 | <0,1 | <0,1 | <0,1 |
| 2 | 0 | 0 | 0 | 0 | <0,1 | <0,1 | <0,1 | <0,1 |
| 3 | 0 | 0 | 0 | 0 | <0,1 | <0,1 | <0,1 | <0,1 |
| 4 | 0 | 0 | 0 | 0 | 0,1 | 0,1 | 0,1 | 0,1 |
| 5 | 0 | 0 | 0 | 0 | 0,2 | 0,2 | 0,2 | 0,2 |
| 6 | 0 | 0 | 0 | 0 | 0,3 | 0,3 | 0,3 | 0,3 |
| 7 | 0 | 0 | 0 | 0 | 0,3 | 0,3 | 0,3 | 0,3 |
| 8 | 0 | 0 | 0 | 0 | 0,4 | 0,4 | 0,4 | 0,4 |
| 9 | 0 | 0 | 0 | 0 | 0,5 | 0,5 | 0,5 | 0,5 |
| 10 | 0 | 0 | 0 | 0 | 0,5 | 0,5 | 0,5 | 0,6 |
| 11 | 0 | 0 | 0 | 0 | 0,6 | 0,6 | 0,6 | 0,6 |
| 12 | 0 | 0 | 0 | 0 | 0,7 | 0,7 | 0,7 | 0,7 |
| 13 | 0 | 0 | 0 | 0 | 0,8 | 0,8 | 0,8 | 0,8 |
| 14 | 0 | 0 | 0 | 0 | 0,8 | 0,9 | 0,9 | 0,9 |
| 15 | 0 | 0 | 0 | 0 | 0,9 | 0,9 | 1 | 1 |
| 16 | 0 | 0 | 0 | 0 | 1 | 1 | 1 | 1 |
| 17 | 0 | 0 | 0 | 0 | 1 | 1 | 1 | 1 |
| 18 | 0 | 0 | 0 | 0 | 1 | 1 | 1 | 1 |
| 19 | 0 | 0 | 0 | 0 | 1 | 1 | 1 | 1 |
| 20 | 0 | 0 | 0 | 0 | 1 | 1 | 1 | 1 |
| 21–25 | 0 | 0 | 0 | 0 | 2 | 2 | 2 | 2 |
| 26–30 | 0 | 0 | 0 | 0 | 2 | 2 | 2 | 2 |
| 31–35 | 0 | 0 | 0 | 0 | 2 | 2 | 3 | 3 |
| 36–40 | 0 | 0 | 0 | 0 | 3 | 3 | 3 | 3 |
| 41–45 | 0 | 0 | 0 | 0 | 3 | 3 | 3 | 3 |
| 46–50 | 0 | 0 | 0 | 0 | 3 | 4 | 4 | 4 |
| 51–55 | 0 | 0 | 0 | 0 | 4 | 4 | 4 | 4 |
| 56–60 | 0 | 0 | 0 | 0 | 4 | 4 | 4 | 4 |
| 61–65 | 0 | 0 | 0 | 0 | 4 | 4 | 4 | 5 |
| 66–70 | 0 | 0 | 0 | 0 | 5 | 5 | 5 | 5 |

Remarque : Une propagation soutenue n'est pas susceptible lorsque l'ICD est en dessous de 70.
Catégorie d'incendie : feu de surface avec une FCC < 10 %. ◯ = Classe d'intensité.

**Tableau 9.11.**
**V$_p$ à l'équilibre (m/min)**
**Classe d'intensité de l'incendie**

Classe d'intensité

| | |
|---|---|
| ▓ 1 | < 10 kW/m |
| ▓ 2 | 10–500 |
| ░ 3 | 500–2 000 |
| ░ 4 | 2 000–4 000 |
| ░ 5 | 4 000–10 000 |
| ░ 6 | > 10 000 |

# M-1  Forêt boréale mixte sans feuilles, 75 % conifères / 25 % feuillus

ICD

| IPI | 0–20 | 21–30 | 31–40 | 41–60 | 61–80 | 81–120 | 121–160 | 161–200 |
|---|---|---|---|---|---|---|---|---|
| 1 | 0,2 | 0,3 | 0,4 | 0,4 | 0,4 | 0,4 | 0,5 | 0,5 |
| 2 | 0,5 | 0,9 | 1 | 1 | 1 | 1 | 1 | 1 |
| 3 | 0,8 | 2 | 2 | 2 | 2 | 2 | 2 | 2 |
| 4 | 1 | 2 | 3 | 3 | 3 | 3* | 3* | 4* |
| 5 | 2 | 3 | 4 | 4 | 4* | 5* | 5* | 5* |
| 6 | 2 | 4 | 5 | 5* | 6* | 6* | 6* | 6* |
| 7 | 3 | 5 | 6* | 7* | 7* | 7* | 8* | 8* |
| 8 | 3 | 6 | 7* | 8* | 8* | 9* | 9* | 9* |
| 9 | 4 | 7 | 8* | 9* | 10* | 10* | 11* | 11* |
| 10 | 4 | 9* | 10* | 11* | 11* | 12* | 12* | 13 |
| 11 | 5 | 10* | 11* | 12* | 13* | 13 | 14 | 14 |
| 12 | 6 | 11* | 12* | 14* | 14 | 15 | 16 | 16 |
| 13 | 6 | 12* | 14* | 15 | 16 | 17 | 17 | 18 |
| 14 | 7 | 13* | 15* | 16 | 17 | 18 | 19 | 19 |
| 15 | 7 | 14* | 16 | 18 | 19 | 20 | 21 | 21 |
| 16 | 8 | 15* | 18 | 19 | 20 | 21 | 22 | 23 |
| 17 | 9 | 17* | 19 | 21 | 22 | 23 | 24 | 24 |
| 18 | 9 | 18 | 20 | 22 | 24 | 25 | 25 | 26 |
| 19 | 10 | 19 | 21 | 24 | 25 | 26 | 27 | 28 |
| 20 | 10 | 20 | 23 | 25 | 27 | 28 | 29 | 29 |
| 21–25 | 12 | 23 | 26 | 29 | 31 | 32 | 34 | 34 |
| 26–30 | 15 | 29 | 32 | 36 | 38 | 40 | 41 | 42 |
| 31–35 | 18* | 34 | 38 | 42 | 44 | 47 | 48 | 49 |
| 36–40 | 20* | 38 | 43 | 47 | 50 | 53 | 54 | 55 |
| 41–45 | 22* | 42 | 48 | 52 | 56 | 58 | 60 | 61 |
| 46–50 | 24* | 46 | 52 | 57 | 60 | 63 | 65 | 67 |
| 51–55 | 26* | 49 | 55 | 61 | 65 | 68 | 70 | 71 |
| 56–60 | 27 | 52 | 59 | 64 | 69 | 72 | 74 | 75 |
| 61–65 | 28 | 54 | 62 | 68 | 72 | 75 | 78 | 79 |
| 66–70 | 30 | 57 | 64 | 70 | 75 | 79 | 81 | 82 |

Valeurs constantes : humidité foliaire = 97 %; HBC = 6 m. □ = ICD$_0$. Catégorie d'incendie : Nombres en noir = feu de surface avec une FCC < 10 %, nombres en noir avec * = feu de cimes intermittent avec une FCC entre 10 et 89 %, nombres en blanc = feu de cimes continu, __ = approximativement une valeur de FCC de 50 %. ◯ = Classe d'intensité.

Tableau 9.12.
**Vₚ à l'équilibre (m/min)**
**Classe d'intensité de l'incendie**

# M-1 Forêt boréale mixte sans feuilles, 50 % conifères / 50 % feuillus

| IPI | \|← | | | ICD | | | | →\| |
|---|---|---|---|---|---|---|---|---|
| | 0–20 | 21–30 | 31–40 | 41–60 | 61–80 | 81–120 | 121–160 | 161–200 |
| 1 | 0,1 | 0,2 | 0,3 | 0,3 | 0,3 | 0,3 | 0,3 | 0,3 |
| 2 | 0,3 | 0,7 | 0,7 | 0,8 | 0,9 | 0,9 | 0,9 | 1 |
| 3 | 0,6 | 1 | 1 | 1 | 2 | 2 | 2 | 2 |
| 4 | 0,9 | 2 | 2 | 2 | 2 | 2 | 3 | 3 |
| 5 | 1 | 2 | 3 | 3 | 3 | 3 | 4* | 4* |
| 6 | 2 | 3 | 4 | 4 | 4 | 4* | 5* | 5* |
| 7 | 2 | 4 | 4 | 5 | 5* | 5* | 6* | 6* |
| 8 | 2 | 5 | 5 | 6* | 6* | 7* | 7* | 7* |
| 9 | 3 | 6 | 6 | 7* | 7* | 8* | 8* | 8* |
| 10 | 3 | 6 | 7* | 8* | 8* | 9* | 9* | 9* |
| 11 | 4 | 7 | 8* | 9* | 10* | 10* | 10* | 11* |
| 12 | 4 | 8 | 9* | 10* | 11* | 11* | 12* | 12* |
| 13 | 5 | 9 | 10* | 11* | 12* | 12* | 13* | 13 |
| 14 | 5 | 10* | 11* | 12* | 13* | 14 | 14 | 14 |
| 15 | 6 | 11* | 12* | 13* | 14 | 15 | 15 | 16 |
| 16 | 6 | 12* | 13* | 14* | 15 | 16 | 17 | 17 |
| 17 | 6 | 12* | 14* | 15 | 16 | 17 | 18 | 18 |
| 18 | 7 | 13* | 15* | 17 | 18 | 18 | 19 | 19 |
| 19 | 7 | 14* | 16* | 18 | 19 | 20 | 20 | 21 |
| 20 | 8 | 15* | 17 | 19 | 20 | 21 | 22 | 22 |
| 21–25 | 9 | 18* | 20 | 22 | 23 | 24 | 25 | 26 |
| 26–30 | 11 | 22 | 24 | 27 | 29 | 30 | 31 | 31 |
| 31–35 | 13 | 25 | 29 | 32 | 34 | 35 | 36 | 37 |
| 36–40 | 15 | 29 | 33 | 36 | 38 | 40 | 41 | 42 |
| 41–45 | 17 | 32 | 36 | 40 | 42 | 44 | 46 | 47 |
| 46–50 | 18 | 35 | 39 | 43 | 46 | 48 | 50 | 51 |
| 51–55 | 19 | 37 | 42 | 46 | 49 | 52 | 53 | 54 |
| 56–60 | 21* | 40 | 45 | 49 | 52 | 55 | 57 | 58 |
| 61–65 | 22* | 42 | 47 | 52 | 55 | 58 | 59 | 60 |
| 66–70 | 23* | 43 | 49 | 54 | 57 | 60 | 62 | 63 |

Valeurs constantes : humidité foliaire = 97 % ; HBC = 6 m. □ = ICD₀. Catégorie d'incendie : Nombres en noir = feu de surface avec une FCC < 10 %, nombres en noir avec * = feu de cimes intermittent avec une FCC entre 10 et 89 %, nombres en blanc = **feu de cimes continu**, __ = approximativement une valeur de FCC de 50 %. ◯ = Classe d'intensité.

**Tableau 9.13.**
**$V_p$ à l'équilibre (m/min)**
**Classe d'intensité de l'incendie**

Classe d'intensité

| | |
|---|---|
| 1 | < 10 kW/m |
| 2 | 10–500 |
| 3 | 500–2 000 |
| 4 | 2 000–4 000 |
| 5 | 4 000–10 000 |
| 6 | > 10 000 |

# M-1 Forêt boréale mixte sans feuilles, 25 % conifères / 75 % feuillus

| IPI | 0–20 | 21–30 | 31–40 | 41–60 | 61–80 | 81–120 | 121–160 | 161–200 |
|---|---|---|---|---|---|---|---|---|
| 1 | <0,1 ① | 0,1 | 0,2 | 0,2 | 0,2 | 0,2 | 0,2 | 0,2 |
| 2 | 0,2 | 0,4 | 0,5 | 0,5 | 0,5 | 0,6 | 0,6 | 0,6 |
| 3 | 0,4 ② | 0,8 | 0,9 | 0,9 | 1 | 1 | 1 | 1 |
| 4 | 0,6 | 1 | 1 | 1 | 2 | 2 | 2 | 2 |
| 5 | 0,8 | 2 | 2 | 2 | 2 | 2 | 2 | 2 |
| 6 | 1 | 2 | 2 | 2 | 3 | 3 | 3 | 3 |
| 7 | 1 | 3 | 3 | 3 ③ | 3 | 4 | 4 | 4 |
| 8 | 2 | 3 | 3 | 4 | 4 | 4 | 4* | 4* |
| 9 | 2 | 4 | 4 | 4 | 5 | 5* | 5* | 5* |
| 10 | 2 | 4 | 5 | 5 | 6 | 6* | 6* | 6* |
| 11 | 2 | 5 | 5 | 6 | 6* | 7* | 7* | 7* |
| 12 | 3 | 5 | 6 | 7 ④ | 7* | 7* | 8* | 8* |
| 13 | 3 | 6 | 7 | 7* | 8* | 8* | 8* | 9* |
| 14 | 3 | 6 | 7 | 8* | 9* | 9* | 9* | 9* |
| 15 | 4 | 7 | 8 | 9* | 9* | 10* | 10* | 10* |
| 16 | 4 | 8 | 9 | 9* | 10* | 11* | 11* | 11* |
| 17 | 4 | 8 | 9* | 10* | 11* | 11* | 12* | 12* |
| 18 | 5 | 9 | 10* | 11* ⑤ | 12* | 12* | 13* | 13* |
| 19 | 5 | 9 | 11* | 12* | 12* | 13* | 13* | 14 |
| 20 | 5 | 10 | 11* | 12* | 13* | 14* | 14 | 15 |
| 21–25 | 6 | 12* | 13* | 15* | 16 | 16 | 17 | 17 |
| 26–30 | 8 | 15* | 16* | 18 | 19 | 20 | 21 | 21 |
| 31–35 | 9 | 17* | 19 | 21 | 23 | 24 | 25 | 25 |
| 36–40 | 10 | 20* | 22 | 24 | 26 | 27 | 28 | 28 |
| 41–45 | 11 | 22 | 25 | 27 ⑥ | 29 | 30 | 31 | 32 |
| 46–50 | 12 | 24 | 27 | 30 | 31 | 33 | 34 | 35 |
| 51–55 | 13 | 26 | 29 | 32 | 34 | 35 | 37 | 37 |
| 56–60 | 14 | 27 | 31 | 34 | 36 | 38 | 39 | 40 |
| 61–65 | 15 | 29 | 32 | 36 | 38 | 40 | 41 | 42 |
| 66–70 | 16 | 30 | 34 | 37 | 40 | 42 | 43 | 44 |

Valeurs constantes : humidité foliaire = 97 %; HBC = 6 m. □ = $ICD_0$. Catégorie d'incendie : Nombres en noir = feu de surface avec une FCC < 10 %, nombres en noir avec * = feu de cimes intermittent avec une FCC entre 10 et 89 %, nombres en blanc = **feu de cimes continu**, — = approximativement une valeur de FCC de 50 %. ○ = Classe d'intensité.

**Tableau 9.14.**
**V_p à l'équilibre (m/min)**
**Classe d'intensité de l'incendie**

Classe d'intensité

| | |
|---|---|
| ▇ 1 | < 10 kW/m |
| ▇ 2 | 10–50 |
| ▨ 3 | 500–2 000 |
| ▨ 4 | 2 000–4 000 |
| ▨ 5 | 4 000–10 000 |
| ▇ 6 | > 10 000 |

# M-2 Forêt boréale mixte avec feuilles, 75 % conifères / 25 % feuillus

| IPI | ICD 0–20 | 21–30 | 31–40 | 41–60 | 61–80 | 81–120 | 121–160 | 161–200 |
|---|---|---|---|---|---|---|---|---|
| 1 | 0,2 | 0,3 | 0,4 | 0,4 | 0,4 | 0,4 | 0,4 | 0,5 |
| 2 | 0,5 | 0,9 | ②1 | 1 | 1 | 1 | 1 | 1 |
| 3 | 0,8 | 2 | 2 | 2 | 2 | 2 | 2 | 2 |
| 4 | 1 | 2 | ③3 | 3 | 3 | 3* | 3* | 3* |
| 5 | 2 | 3 | 4 | 4 | 4* | 4* | 5* | 5* |
| 6 | 2 | 4 | 5 | 5* | 5* | 6* | 6* | 6* |
| 7 | 3 | 5 | ④6 | 6* | 7* | 7* | 7* | 7* |
| 8 | 3 | 6 | 7* | 8* | 8* | 8* | 9* | 9* |
| 9 | 4 | 7 | 8* | 9* | 9* | 10* | 10* | 10* |
| 10 | 4 | 8* | 9* | ⑤10* | 11* | 11* | 12* | 12* |
| 11 | 5 | 9* | 10* | 12* | 12* | 13 | 13 | 14 |
| 12 | 5 | 10* | 12* | 13* | 14 | 14 | 15 | 15 |
| 13 | 6 | 11* | 13* | 14* | 15 | 16 | 16 | 17 |
| 14 | 7 | 13* | 14* | 16 | 17 | 17 | 18 | 18 |
| 15 | 7 | 14* | 15* | 17 | 18 | 19 | 20 | 20 |
| 16 | 8 | 15* | 17 | 18 | 20 | 20 | 21 | 21 |
| 17 | 8 | 16* | 18 | 20 | 21 | 22 | 23 | 23 |
| 18 | 9 | 17* | 19 | 21 | 22 | 23 | 24 | 25 |
| 19 | 9 | 18 | 20 | 22 | 24 | 25 | 26 | 26 |
| 20 | 10 | 19 | 22 | ⑥24 | 25 | 26 | 27 | 28 |
| 21–25 | 12 | 22 | 25 | 28 | 29 | 31 | 32 | 32 |
| 26–30 | 14 | 27 | 31 | 34 | 36 | 38 | 39 | 40 |
| 31–35 | 17 | 32 | 36 | 40 | 42 | 44 | 46 | 46 |
| 36–40 | 19* | 36 | 41 | 45 | 48 | 50 | 52 | 52 |
| 41–45 | 21* | 40 | 45 | 49 | 53 | 55 | 57 | 58 |
| 46–50 | 23* | 43 | 49 | 54 | 57 | 60 | 62 | 63 |
| 51–55 | 24* | 46 | 52 | 57 | 61 | 64 | 66 | 67 |
| 56–60 | 25* | 49 | 55 | 61 | 65 | 68 | 70 | 71 |
| 61–65 | 27 | 51 | 58 | 64 | 68 | 71 | 73 | 75 |
| 66–70 | 28 | 53 | 60 | 66 | 70 | 74 | 76 | 78 |

Valeurs constantes : humidité foliaire = 97 %; HBC = 6 m. □ = ICD₀. Catégorie d'incendie : Nombres en noir = feu de surface avec une FCC < 10 %, nombres en noir avec * = feu de cimes intermittent avec une FCC entre 10 et 89 %, nombres en blanc = **feu de cimes continu**, ▬ = approximativement une valeur de FCC de 50 %. ◯ = Classe d'intensité.

# Tableau 9.15.
**$V_p$ à l'équilibre (m/min)**
**Classe d'intensité de l'incendie**

Classe d'intensité
1  < 10 kW/m
2  10–500
3  500–2 000
4  2 000–4 000
5  4 000–10 000
6  > 10 000

# M-2 Forêt boréale mixte avec feuilles, 50 % conifères / 50 % feuillus

| IPI | 0–20 | 21–30 | 31–40 | 41–60 | 61–80 | 81–120 | 121–160 | 161–200 |
|---|---|---|---|---|---|---|---|---|
| | | | | | ICD | | | |
| 1 | 0,1 | 0,2 | 0,2 | 0,3 | 0,3 ② | 0,3 | 0,3 | 0,3 |
| 2 | 0,3 | 0,6 | 0,7 | 0,7 | 0,8 | 0,8 | 0,8 | 0,9 |
| 3 | 0,6 | 1 | 1 | 1 | 1 | 1 | 2 | 2 |
| 4 | 0,8 | 2 | 2 | 2 ③ | 2 | 2 | 2 | 2 |
| 5 | 1 | 2 | 2 | 3 | 3 | 3 | 3 | 3 |
| 6 | 1 | 3 | 3 | 4 | 4 | 4* | 4* | 4* |
| 7 | 2 | 3 | 4 | 4 | 5* | 5* | 5* | 5* |
| 8 | 2 | 4 | 5 | 5 | 6* ④ | 6* | 6* | 6* |
| 9 | 3 | 5 | 6 | 6* | 6* | 7* | 7* | 7* |
| 10 | 3 | 6 | 6 | 7* | 7* | 8* | 8* | 8* |
| 11 | 3 | 6 | 7* | 8* | 8* | 9* | 9* | 9* |
| 12 | 4 | 7 | 8* | 9* ⑤ | 9* | 10* | 10* | 10* |
| 13 | 4 | 8 | 9* | 10* | 10* | 11* | 11* | 11* |
| 14 | 4 | 9 | 10* | 11* | 11* | 12* | 12* | 12* |
| 15 | 5 | 9* | 11* | 12* | 12* | 13* | 13 | 14 |
| 16 | 5 | 10* | 11* | 13* | 13* | 14 | 14 | 15 |
| 17 | 6 | 11* | 12* | 13* | 14 | 15 | 16 | 16 |
| 18 | 6 | 12* | 13* | 14* | 15 | 16 | 17 | 17 |
| 19 | 6 | 12* | 14* | 15 | 16 | 17 | 18 | 18 |
| 20 | 7 | 13* | 15* | 16 | 17 | 18 | 19 | 19 |
| 21–25 | 8 | 15* | 17 | 19 | 20 | 21 | 22 | 22 |
| 26–30 | 10 | 19* | 21 | 23 ⑥ | 25 | 26 | 27 | 27 |
| 31–35 | 11 | 22 | 25 | 27 | 29 | 30 | 31 | 32 |
| 36–40 | 13 | 25 | 28 | 31 | 33 | 34 | 35 | 36 |
| 41–45 | 14 | 27 | 31 | 34 | 36 | 38 | 39 | 40 |
| 46–50 | 15 | 30 | 34 | 37 | 39 | 41 | 42 | 43 |
| 51–55 | 17 | 32 | 36 | 39 | 42 | 44 | 45 | 46 |
| 56–60 | 18 | 34 | 38 | 42 | 44 | 47 | 48 | 49 |
| 61–65 | 18 | 35 | 40 | 44 | 47 | 49 | 50 | 51 |
| 66–70 | 19 | 37 | 41 | 46 | 48 | 51 | 52 | 53 |

Valeurs constantes : humidité foliaire = 97 % ; HBC = 6 m. □ = ICD₀. Catégorie d'incendie : Nombres en noir = feu de surface avec une FCC < 10 %, nombres en noir avec * = feu de cimes intermittent avec une FCC entre 10 et 89 %, nombres en blanc = **feu de cimes continu**, __ = approximativement une valeur de FCC de 50 %. ◯ = Classe d'intensité.

**Tableau 9.16.**
**$V_p$ à l'équilibre (m/min)**
**Classe d'intensité de l'incendie**

Classe d'intensité
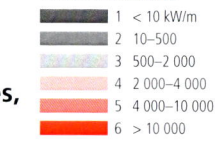

# M-2 Forêt boréale mixte avec feuilles, 25 % conifères / 75 % feuillus

|  |  |  |  | ICD |  |  |  |  |
|---|---|---|---|---|---|---|---|---|
| **IPI** | 0–20 | 21–30 | 31–40 | 41–60 | 61–80 | 81–120 | 121–160 | 161–200 |
| 1 | <0,1 ① | 0,1 | 0,1 | 0,1 | 0,1 | 0,2 | 0,2 | 0,2 |
| 2 | 0,2 | 0,3 | 0,4 | 0,4 | 0,4 | 0,4 | ② 0,4 | 0,5 |
| 3 | 0,3 | 0,6 | 0,6 | 0,7 | 0,7 | 0,8 | 0,8 | 0,8 |
| 4 | 0,4 | 0,8 | 1 | 1 | 1 | 1 | 1 | 1 |
| 5 | 0,6 | 1 | 1 | 1 | 2 | 2 | 2 | 2 |
| 6 | 0,8 | 2 | 2 | 2 | 2 | 2 ③ | 2 | 2 |
| 7 | 1 | 2 | 2 | 2 | 2 | 3 | 3 | 3 |
| 8 | 1 | 2 | 3 | 3 | 3 | 3 | 3 | 3 |
| 9 | 1 | 3 | 3 | 3 | 3 | 4 | 4 | 4 |
| 10 | 2 | 3 | 3 | 4 | 4 | 4 | 4 | 4* |
| 11 | 2 | 3 | 4 | 4 | 4 | 5 ④ | 5* | 5* |
| 12 | 2 | 4 | 4 | 5 | 5 | 5* | 5* | 6* |
| 13 | 2 | 4 | 5 | 5 | 6 | 6* | 6* | 6* |
| 14 | 2 | 5 | 5 | 6 | 6* | 6* | 7* | 7* |
| 15 | 3 | 5 | 6 | 6 | 7* | 7* | 7* | 7* |
| 16 | 3 | 5 | 6 | 7 | 7* | 8* | 8* | 8* |
| 17 | 3 | 6 | 7 | 7* | 8* | 8* ⑤ | 8* | 8* |
| 18 | 3 | 6 | 7 | 8* | 8* | 9* | 9* | 9* |
| 19 | 3 | 7 | 7 | 8* | 9* | 9* | 9* | 10* |
| 20 | 4 | 7 | 8 | 9* | 9* | 10* | 10* | 10* |
| 21–25 | 4 | 8 | 9* | 10* | 11* | 11* | 12* | 12* |
| 26–30 | 5 | 10 | 11* | 13* | 13* | 14* | 14 | 15 |
| 31–35 | 6 | 12* | 13* | 15* | 16 | 16 | 17 | 17 |
| 36–40 | 7 | 13* | 15* | 17 | 18 | 19 | 19 | 19 |
| 41–45 | 8 | 15* | 17* | 18 | 20 | 21 | ⑥ 21 | 22 |
| 46–50 | 8 | 16* | 18* | 20 | 21 | 22 | 23 | 23 |
| 51–55 | 9 | 17* | 20 | 21 | 23 | 24 | 25 | 25 |
| 56–60 | 10 | 18* | 21 | 23 | 24 | 25 | 26 | 27 |
| 61–65 | 10 | 19* | 22 | 24 | 25 | 27 | 27 | 28 |
| 66–70 | 10 | 20* | 23 | 25 | 26 | 28 | 29 | 29 |

Valeurs constantes : humidité foliaire = 97 %; HBC = 6 m. □ = ICD₀. Catégorie d'incendie : Nombres en noir = feu de surface avec une FCC < 10 %, nombres en noir avec * = feu de cimes intermittent avec une FCC entre 10 et 89 %, nombres en blanc = **feu de cimes continu**, — = approximativement une valeur de FCC de 50 %. ◯ = Classe d'intensité.

**Tableau 9.17.**
**$V_p$ à l'équilibre (m/min)**
**Classe d'intensité de l'incendie**

Classe d'intensité
| | | |
|---|---|---|
| | 1 | < 10 kW/m |
| | 2 | 10–500 |
| | 3 | 500–2 000 |
| | 4 | 2 000–4 000 |
| | 5 | 4 000–10 000 |
| | 6 | > 10 000 |

# M-3 Forêt mixte à sapins baumiers morts – sans feuilles, 30 % de sapins baumiers morts

| IPI | 0–20 | 21–30 | 31–40 | 41–60 | 61–80 | 81–120 | 121–160 | 161–200 |
|---|---|---|---|---|---|---|---|---|
| 1 | 0,3 | 0,5 ② 0,6 | | 0,7 | 0,7 | 0,8 | 0,8 | 0,8 |
| 2 | 0,7 | 1 | 2 | 2 | 2 | 2 | 2 | 2 |
| 3 | 1 | 2 | 3 | 3 | 3 | 3* | 3* | 4* |
| 4 | 2 | 4 ③ | 4 | 4* | 5* | 5* | 5* | 5* |
| 5 | 2 | 5 | 5* | 6* | 6* | 6* | 7* | 7* |
| 6 | 3 | 6 ④ | 7* | 7* | 8* | 8* | 8* | 8* |
| 7 | 4 | 7* | 8* | 9* | 9* | 10* | 10* | 10* |
| 8 | 4 | 8* | 9* | 10* | 11* | 11* | 12* | 12 |
| 9 | 5 | 9* | 11* | 12* | 12* | 13 | 13 | 14 |
| 10 | 5 | 10* | 12* | 13* | 14 | 14 | 15 | 15 |
| 11 | 6 | 12* | 13* | 14 | 15 | 16 | 17 | 17 |
| 12 | 7 | 13* ⑤ | 14* | 16 | 17 | 18 | 18 | 18 |
| 13 | 7 | 14* | 16 | 17 | 18 | 19 | 20 | 20 |
| 14 | 8 | 15* | 17 | 18 | 20 | 21 | 21 | 22 |
| 15 | 8 | 16* | 18 | 20 | 21 | 22 | 23 | 23 |
| 16 | 9 | 17 | 19 | 21 | 22 | 23 | 24 | 24 |
| 17 | 9 | 18 | 20 | 22 | 23 | 25 | 25 | 26 |
| 18 | 10 | 19 | 21 | 23 | 25 | 26 | 27 | 27 |
| 19 | 10 | 20 | 22 | 24 | 26 | 27 | 28 | 29 |
| 20 | 11 | 20 | 23 | 25 | 27 | 28 | 29 | 30 |
| 21–25 | 12 | 23 | 26 | 28 | 30 | 32 | 33 | 33 |
| 26–30 | 14 | 26 | 30 | 33 | 35 | 37 | 38 | 38 |
| 31–35 | 15* | 29 | 33 | 36 | 39 | 41 | 42 | 43 |
| 36–40 | 17* | 32 ⑥ | 36 | 39 | 42 | 44 | 45 | 46 |
| 41–45 | 18* | 34 | 38 | 42 | 45 | 47 | 48 | 49 |
| 46–50 | 18* | 35 | 40 | 44 | 47 | 49 | 51 | 52 |
| 51–55 | 19* | 37 | 42 | 46 | 49 | 51 | 53 | 54 |
| 56–60 | 20* | 38 | 43 | 47 | 50 | 53 | 54 | 55 |
| 61–65 | 20* | 39 | 44 | 49 | 52 | 54 | 56 | 57 |
| 66–70 | 21* | 40 | 45 | 50 | 53 | 54 | 57 | 58 |

ICD

Valeurs constantes : humidité foliaire = 97 %; HBC = 6 m. □ = $ICD_0$. Catégorie d'incendie : Nombres en noir = feu de surface avec une FCC < 10 %, nombres en noir avec * = feu de cimes intermittent avec une FCC entre 10 et 89 %, nombres en blanc = **feu de cimes continu**, ▬ = approximativement une valeur de FCC de 50 %. ○ = Classe d'intensité.

**Tableau 9.18.**
**$V_p$ à l'équilibre (m/min)**
**Classe d'intensité de l'incendie**

Classe d'intensité
| | |
|---|---|
| ▆ | 1  < 10 kW/m |
| ▆ | 2  10–500 |
| ▆ | 3  500–2 000 |
| ▆ | 4  2 000–4 000 |
| ▆ | 5  4 000–10 000 |
| ▆ | 6  > 10 000 |

# M-3  Forêt mixte à sapins baumiers morts – sans feuilles, 60 % de sapins baumiers morts

| IPI | 0–20 | 21–30 | 31–40 | 41–60 | 61–80 | 81–120 | 121–160 | 161–200 |
|---|---|---|---|---|---|---|---|---|
| 1 | 0,5 | (2) 1 | 1 | 1 | 1 | 1 | 1 | 2 |
| 2 | 1 | 3 | (3) 3 | 3 | 4* | 4* | 4* | 4* |
| 3 | 2 | 5 | 5 | (4) 6* | 6* | 6* | 6* | 7* |
| 4 | 3 | 6 | 7* | 8* (5) | 9* | 9* | 9* | 9* |
| 5 | 4 | 9* | 10* | 11* | 11* | 12* | 12 | 12 |
| 6 | 6 | 11* | 12* | 13* | 14 | 15 | 15 | 16 |
| 7 | 7 | 13* | 14* | 16 | 17 | 18 | 18 | 19 |
| 8 | 8 | 15* | 17 | 18 | 20 | 21 | 21 | 22 |
| 9 | 9 | 17 | 19 | (6) 21 | 22 | 23 | 24 | 25 |
| 10 | 10 | 19 | 21 | 24 | 25 | 26 | 27 | 28 |
| 11 | 11 | 21 | 24 | 26 | 28 | 29 | 30 | 30 |
| 12 | 12 | 23 | 26 | 28 | 30 | 32 | 33 | 33 |
| 13 | 13 | 25 | 28 | 31 | 33 | 34 | 35 | 36 |
| 14 | 14 | 26 | 30 | 33 | 35 | 37 | 38 | 39 |
| 15 | 15 | 28 | 32 | 35 | 37 | 39 | 40 | 41 |
| 16 | 16* | 30 | 34 | 37 | 40 | 41 | 43 | 44 |
| 17 | 16* | 31 | 36 | 39 | 42 | 44 | 45 | 46 |
| 18 | 17* | 33 | 37 | 41 | 44 | 46 | 47 | 48 |
| 19 | 18* | 35 | 39 | 43 | 46 | 48 | 49 | 50 |
| 20 | 19* | 36 | 41 | 45 | 48 | 50 | 51 | 52 |
| 21–25 | 21* | 40 | 45 | 50 | 53 | 55 | 57 | 58 |
| 26–30 | 24* | 45 | 51 | 56 | 60 | 63 | 65 | 66 |
| 31–35 | 26 | 50 | 56 | 62 | 66 | 69 | 71 | 72 |
| 36–40 | 28 | 53 | 60 | 66 | 70 | 74 | 76 | 77 |
| 41–45 | 29 | 56 | 63 | 69 | 74 | 78 | 80 | 81 |
| 46–50 | 30 | 58 | 66 | 72 | 77 | 80 | 83 | 85 |
| 51–55 | 31 | 60 | 68 | 74 | 79 | 83 | 86 | 87 |
| 56–60 | 32 | 61 | 69 | 76 | 81 | 85 | 87 | 89 |
| 61–65 | 32 | 62 | 70 | 77 | 82 | 86 | 89 | 91 |
| 66–70 | 33 | 63 | 71 | 78 | 83 | 88 | 90 | 92 |

Valeurs constantes : humidité foliaire = 97 %; HBC = 6 m. □ = ICD₀. Catégorie l'incendie : Nombres en noir = feu de surface avec une FCC < 10 %, nombres en noir avec * = feu de cimes intermittent avec une FCC entre 10 et 89 %, nombres en blanc = **feu de cimes continu**, ▬ = approximativement une valeur de FCC de 50 %. ○ = Classe d'intensité.

**Tableau 9.19.**
**$V_p$ à l'équilibre (m/min)**
**Classe d'intensité de l'incendie**

Classe d'intensité

| | | |
|---|---|---|
| | 1 | < 10 kW/m |
| | 2 | 10–500 |
| | 3 | 500–2 000 |
| | 4 | 2 000–4 000 |
| | 5 | 4 000–10 000 |
| | 6 | > 10 000 |

# M-3 Forêt mixte à sapins baumiers morts – sans feuilles, 100 % de sapins baumiers morts

| IPI | ICD | | | | | | | |
|---|---|---|---|---|---|---|---|---|
| | 0–20 | 21–30 | 31–40 | 41–60 | 61–80 | 81–120 | 121–160 | 161–200 |
| 1 | 0,9 | 2 | 2 | 2 | 2 | 2 | 2 | 2* |
| 2 | 2 | 4 | 5 | 5* | 6* | 6* | 6* | 6* |
| 3 | 4 | 7* | 8* | 9* | 10* | 10* | 10* | 11* |
| 4 | 5 | 10* | 12* | 13* | 14 | 15 | 15 | 15 |
| 5 | 7 | 14* | 16 | 17 | 18 | 19 | 20 | 20 |
| 6 | 9 | 17 | 19 | 21 | 23 | 24 | 25 | 25 |
| 7 | 11 | 21 | 23 | 25 | 27 | 28 | 29 | 30 |
| 8 | 12 | 24 | 27 | 30 | 31 | 33 | 34 | 35 |
| 9 | 14 | 27 | 31 | 34 | 36 | 38 | 39 | 39 |
| 10 | 16* | 30 | 34 | 38 | 40 | 42 | 43 | 44 |
| 11 | 17* | 33 | 38 | 41 | 44 | 46 | 48 | 49 |
| 12 | 19* | 36 | 41 | 45 | 48 | 50 | 52 | 53 |
| 13 | 20* | 39 | 44 | 49 | 52 | 54 | 56 | 57 |
| 14 | 22* | 42 | 48 | 52 | 56 | 58 | 60 | 61 |
| 15 | 23* | 45 | 51 | 56 | 59 | 62 | 64 | 65 |
| 16 | 25 | 47 | 54 | 59 | 63 | 66 | 68 | 69 |
| 17 | 26 | 50 | 56 | 62 | 66 | 69 | 71 | 73 |
| 18 | 27 | 52 | 59 | 65 | 69 | 72 | 75 | 76 |
| 19 | 28 | 54 | 62 | 68 | 72 | 75 | 78 | 79 |
| 20 | 30 | 57 | 64 | 70 | 75 | 78 | 81 | 82 |
| 21–25 | 33 | 63 | 71 | 78 | 83 | 87 | 89 | 91 |
| 26–30 | 37 | 71 | 80 | 88 | 93 | 98 | 101 | 103 |
| 31–35 | 40 | 77 | 87 | 96 | 102 | 107 | 110 | 112 |
| 36–40 | 43 | 82 | 93 | 102 | 108 | 113 | 117 | 119 |
| 41–45 | 45 | 85 | 97 | 106 | 113 | 118 | 122 | 124 |
| 46–50 | 46 | 88 | 100 | 110 | 117 | 122 | 126 | 128 |
| 51–55 | 47 | 90 | 102 | 112 | 119 | 125 | 129 | 132 |
| 56–60 | 48 | 92 | 104 | 114 | 122 | 127 | 132 | 134 |
| 61–65 | 49 | 93 | 105 | 116 | 123 | 129 | 133 | 136 |
| 66–70 | 49 | 94 | 106 | 117 | 124 | 130 | 135 | 137 |

Valeurs constantes : humidité foliaire = 97 %; HBC = 6 m. □ = ICD₀. Catégorie l'incendie : Nombres en noir = feu de surface avec une FCC < 10 %, nombres en noir avec * = feu de cimes intermittent avec une FCC entre 10 et 89 %, nombres en blanc = **feu de cimes continu**, ◯ = Classe d'intensité.

**Tableau 9.20.**
**V$_p$ à l'équilibre (m/min)**
**Classe d'intensité de l'incendie**

Classe d'intensité

| | |
|---|---|
| 1 | < 10 kW/m |
| 2 | 10–500 |
| 3 | 500–2 000 |
| 4 | 2 000–4 000 |
| 5 | 4 000–10 000 |
| 6 | > 10 000 |

# M-4 Forêt mixte à sapins baumiers morts – avec feuilles, 30 % de sapins baumiers morts

ICD

| IPI | 0–20 | 21–30 | 31–40 | 41–60 | 61–80 | 81–120 | 121–160 | 161–200 |
|---|---|---|---|---|---|---|---|---|
| 1 | 0,1 | 0,2 | 0,2 | 0,3 | 0,3 ② | 0,3 | 0,3 | 0,3 |
| 2 | 0,3 | 0,6 | 0,7 | 0,7 | 0,8 | 0,8 | 0,8 | 0,8 |
| 3 | 0,5 | 1 | 1 | 1 | 1 ③ | 1 | 1 | 1 |
| 4 | 0,8 | 2 | 2 | 2 | 2 | 2 | 2 | 2 |
| 5 | 1 | 2 | 2 | 3 | 3 | 3* | 3* | 3* |
| 6 | 1 | 3 | 3 | 3 | 3* ④ | 4* | 4* | 4* |
| 7 | 2 | 3 | 4 | 4 | 4* | 4* | 5* | 5* |
| 8 | 2 | 4 | 4 | 5* | 5* | 5* | 5* | 6* |
| 9 | 2 | 4 | 5 | 5* | 6* | 6* | 6* | 6* |
| 10 | 3 | 5 | 6* | 6* | 7* | ⑤ 7* | 7* | 7* |
| 11 | 3 | 6 | 6* | 7* | 7* | 8* | 8* | 8* |
| 12 | 3 | 6 | 7* | 8* | 8* | 9* | 9* | 9* |
| 13 | 4 | 7* | 8* | 8* | 9* | 9* | 10* | 10* |
| 14 | 4 | 7* | 8* | 9* | 10* | 10* | 11* | 11* |
| 15 | 4 | 8* | 9* | 10* | 11* | 11* | 11* | 12* |
| 16 | 4 | 9* | 10* | 11* | 11* | 12* | 12 | 13 |
| 17 | 5 | 9* | 10* | 11* | 12* | 13 | 13 | 13 |
| 18 | 5 | 10* | 11* | 12* | 13* | 13 | 14 | 14 |
| 19 | 5 | 10* | 12* | 13* | 14 | 14 | 15 | 15 |
| 20 | 6 | 11* | 12* | 13* | 14 | ⑥ 15 | 15 | 16 |
| 21–25 | 6 | 12* | 14* | 15 | 16 | 17 | 18 | 18 |
| 26–30 | 8 | 15* | 17 | 18 | 19 | 20 | 21 | 21 |
| 31–35 | 9 | 17 | 19 | 21 | 22 | 23 | 24 | 24 |
| 36–40 | 10 | 18 | 21 | 23 | 24 | 25 | 26 | 27 |
| 41–45 | 10 | 20 | 22 | 25 | 26 | 27 | 28 | 29 |
| 46–50 | 11 | 21 | 24 | 26 | 28 | 29 | 30 | 31 |
| 51–55 | 12 | 22 | 25 | 27 | 29 | 31 | 32 | 32 |
| 56–60 | 12 | 23 | 26 | 28 | 30 | 32 | 33 | 33 |
| 61–65 | 12 | 24 | 27 | 29 | 31 | 33 | 34 | 34 |
| 66–70 | 13 | 24 | 27 | 30 | 32 | 34 | 35 | 35 |

Valeurs constantes : humidité foliaire = 97 % ; HBC = 6 m. □ = ICD$_0$. Catégorie d'incendie : Nombres en noir = feu de surface avec une FCC < 10 %, nombres en noir avec * = feu de cimes intermittent avec une FCC entre 10 et 89 %, nombres en blanc = **feu de cimes continu**, ‗ = approximativement une valeur de FCC de 50 %. ◯ = Classe d'intensité.

**Tableau 9.21.**
**$V_p$ à l'équilibre (m/min)**
**Classe d'intensité de l'incendie**

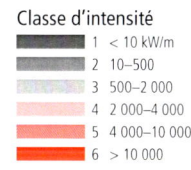

Classe d'intensité
| | |
|---|---|
| 1 | < 10 kW/m |
| 2 | 10–500 |
| 3 | 500–2 000 |
| 4 | 2 000–4 000 |
| 5 | 4 000–10 000 |
| 6 | > 10 000 |

# M-4 Forêt mixte à sapins baumiers morts – avec feuilles, 60 % de sapins baumiers morts

| IPI | 0–20 | 21–30 | 31–40 | 41–60 | 61–80 | 81–120 | 121–160 | 161–200 |
|---|---|---|---|---|---|---|---|---|
| 1 | 0,2 | 0,4 | 0,5 ② | 0,5 | 0,5 | 0,6 | 0,6 | 0,6 |
| 2 | 0,6 | 1 | 1 | 1 | 1 | 2 | 2 | 2 |
| 3 | 1 | 1 | 1 ③ | 2 | 3 | 3 | 3* | 3* |
| 4 | 2 | 3 | 3 | 4 | 4* | 4* | 4* | 4* |
| 5 | 2 | 4 | 4 ④ | 5* | 5* | 6* | 6* | 6* |
| 6 | 3 | 5 | 6* | 6* | 7* | 7* | 7* | 7* |
| 7 | 3 | 6 | 7* | 8* ⑤ | 8* | 9* | 9* | 9* |
| 8 | 4 | 7* | 8* | 9* | 10* | 10* | 10* | 11* |
| 9 | 4 | 8* | 10* | 11* | 11* | 12* | 12 | 12 |
| 10 | 5 | 10* | 11* | 12* | 13* | 13 | 14 | 14 |
| 11 | 6 | 11* | 12* | 13* | 14 | 15 | 15 | 16 |
| 12 | 6 | 12* | 14* | 15 | 16 | 17 | 17 | 17 |
| 13 | 7 | 13* | 15 | 16 | 17 | 18 | 19 | 19 |
| 14 | 7 | 14* | 16 | 18 | 19 | 20 | 20 | 21 |
| 15 | 8 | 15* | 17 | 19 | 20 | 21 | 22 | 22 |
| 16 | 9 | 16 | 19 | 20 | 22 | 23 | 24 | 24 |
| 17 | 9 | 18 | 20 | 22 | 23 | 24 | 25 | 26 |
| 18 | 10 | 19 | 21 | 23 | 25 | 26 | 27 | 27 |
| 19 | 10 | 20 | 22 | 24 | 26 | 27 | 28 | 29 |
| 20 | 11 | 21 | 23 ⑥ | 26 | 27 | 29 | 29 | 30 |
| 21–25 | 12 | 23 | 27 | 29 | 31 | 33 | 34 | 34 |
| 26–30 | 14 | 28 | 31 | 35 | 37 | 39 | 40 | 40 |
| 31–35 | 16* | 31 | 36 | 39 | 42 | 44 | 45 | 46 |
| 36–40 | 18* | 35 | 39 | 43 | 46 | 48 | 50 | 50 |
| 41–45 | 19* | 37 | 42 | 46 | 49 | 52 | 53 | 54 |
| 46–50 | 21* | 40 | 45 | 49 | 52 | 55 | 57 | 58 |
| 51–55 | 22* | 41 | 47 | 51 | 55 | 57 | 59 | 60 |
| 56–60 | 22* | 43 | 49 | 53 | 57 | 59 | 61 | 62 |
| 61–65 | 23* | 44 | 50 | 55 | 58 | 61 | 63 | 64 |
| 66–70 | 24* | 45 | 51 | 56 | 60 | 63 | 65 | 66 |

(ICD column span over 41–60)

Valeurs constantes : humidité foliaire = 97 %; HBC = 6 m. □ = $ICD_0$. Catégorie d'incendie : Nombres en noir = feu de surface avec une FCC < 10 %, nombres en noir avec * = feu de cimes intermittent avec une FCC entre 10 et 89 %, nombres en blanc = **feu de cimes continu**, ▬ = approximativement une valeur de FCC de 50 %. ○ = Classe d'intensité.

# Tableau 9.22.
**V$_p$ à l'équilibre (m/min)**
**Classe d'intensité de l'incendie**

# M-4 Forêt mixte à sapins baumiers morts – avec feuilles, 100 % de sapins baumiers morts

| IPI | ICD 0–20 | 21–30 | 31–40 | 41–60 | 61–80 | 81–120 | 121–160 | 161–200 |
|---|---|---|---|---|---|---|---|---|
| 1 | 0,4 | 0,7 ② | 0,8 | 0,8 | 0,9 | 0,9 | 1 | 1 |
| 2 | 1 | 2 | 2 | 2 | 2 ④ | 3 | 3* | 3* |
| 3 | 2 | 3 ③ | 4 | 4 | 4* | 5* | 5* | 5* |
| 4 | 3 | 5 | 5* | 6* | 6* | 7* | 7* | 7* |
| 5 | 3 | 7 | 7* | 8* | 9* ⑤ | 9* | 9* | 10* |
| 6 | 4 | 8* | 9* | 10* | 11* | 12* | 12* | 12 |
| 7 | 5 | 10* | 11* | 13* | 13 | 14 | 15 | 15 |
| 8 | 6 | 12* | 14* | 15 | 16 ⑥ | 17 | 17 | 17 |
| 9 | 7 | 14* | 16 | 17 | 18 | 19 | 20 | 20 |
| 10 | 8 | 16* | 18 | 20 | 21 | 22 | 23 | 23 |
| 11 | 9 | 18 | 20 | 22 | 23 | 25 | 25 | 26 |
| 12 | 10 | 20 | 22 | 24 | 26 | 27 | 28 | 29 |
| 13 | 11 | 21 | 24 | 27 | 28 | 30 | 31 | 31 |
| 14 | 12 | 23 | 26 | 29 | 31 | 32 | 33 | 34 |
| 15 | 13 | 25 | 28 | 31 | 33 | 35 | 36 | 37 |
| 16 | 14 | 27 | 30 | 33 | 36 | 37 | 38 | 39 |
| 17 | 15* | 29 | 32 | 36 | 38 | 40 | 41 | 42 |
| 18 | 16* | 30 | 34 | 38 | 40 | 42 | 43 | 44 |
| 19 | 17* | 32 | 36 | 40 | 42 | 44 | 46 | 47 |
| 20 | 18* | 34 | 38 | 42 | 45 | 47 | 48 | 49 |
| 21–25 | 20* | 38 | 43 | 48 | 51 | 53 | 55 | 56 |
| 26–30 | 24* | 45 | 51 | 56 | 60 | 63 | 65 | 66 |
| 31–35 | 27 | 51 | 58 | 64 | 68 | 71 | 73 | 75 |
| 36–40 | 29 | 56 | 64 | 70 | 75 | 78 | 81 | 82 |
| 41–45 | 32 | 61 | 69 | 75 | 80 | 84 | 87 | 88 |
| 46–50 | 33 | 64 | 73 | 80 | 85 | 89 | 92 | 93 |
| 51–55 | 35 | 67 | 76 | 83 | 89 | 93 | 96 | 98 |
| 56–60 | 36 | 70 | 79 | 86 | 92 | 96 | 99 | 101 |
| 61–65 | 37 | 72 | 81 | 89 | 95 | 99 | 102 | 104 |
| 66–70 | 38 | 73 | 83 | 91 | 97 | 101 | 105 | 107 |

Valeurs constantes : humidité foliaire = 97 %; HBC = 6 m. □ = ICD$_0$. Catégorie d'incendie : Nombres en noir = feu de surface avec une FCC < 10 %, nombres en noir avec * = feu de cimes intermittent avec une FCC entre 10 et 89 %, nombres en blanc = **feu de cimes continu**, ▬ = approximativement une valeur de FCC de 50 %. ○ = Classe d'intensité.

**Tableau 9.23.**
**$V_p$ à l'équilibre (m/min)**
**Classe d'intensité de l'incendie**

# O-1a Herbes aplaties

**Classe d'intensité**

| | | |
|---|---|---|
| | 1 | < 10 kW/m |
| | 2 | 10–500 |
| | 3 | 500–2 000 |
| | 4 | 2 000–4 000 |
| | 5 | 4 000–10 000 |
| | 6 | > 10 000 |

## Degré de fanage (%)

| IPI | 0–20 | 21–40 | 41–50 | 51–60 | 61–70 | 71–80 | 81–90 | 91–100 |
|---|---|---|---|---|---|---|---|---|
| 1 | 0 | <0,1 ① | 0,1 | 0,2 | 0,4 | 0,7 | 1 | 1 |
| 2 | <0,1 | 0,1 | 0,3 | 0,5 | 1 | 2 | 3 | 3 |
| 3 | <0,1 | 0,2 | 0,5 | 0,9 | 2 | 3 | 5 | 6 |
| 4 | <0,1 | 0,3 | 0,7 | 1 | 3 | 5 | 7 | 9 |
| 5 | <0,1 | 0,4 | 0,9 | 2 ② | 4 | 6 | 9 | 11 ③ |
| 6 | <0,1 | 0,5 | 1 | 2 | 5 | 8 | 11 | 14 |
| 7 | <0,1 | 0,6 | 1 | 3 | 6 | 10 | 14 | 18 |
| 8 | 0,1 | 0,7 | 2 | 3 | 7 | 12 | 16 | 21 |
| 9 | 0,1 | 0,8 | 2 | 4 | 8 | 13 | 19 | 24 |
| 10 | 0,1 | 0,9 | 2 | 4 | 9 | 15 | 21 | 27 |
| 11 | 0,1 | 1 | 3 | 5 | 10 | 17 | 24 ④ | 30 |
| 12 | 0,2 | 1 | 3 | 5 | 11 | 19 | 26 | 34 |
| 13 | 0,2 | 1 | 3 | 6 | 13 | 21 | 29 | 37 |
| 14 | 0,2 | 1 | 3 | 6 | 14 | 22 | 31 | 40 |
| 15 | 0,2 | 1 | 4 | 7 | 15 | 24 | 34 | 43 |
| 16 | 0,2 | 1 | 4 | 7 | 16 | 26 | 36 | 46 |
| 17 | 0,2 | 2 | 4 | 8 | 17 | 28 | 39 | 50 |
| 18 | 0,3 | 2 | 4 | 8 | 18 | 30 | 41 ⑤ | 53 |
| 19 | 0,3 | 2 | 5 | 9 | 19 | 31 | 43 | 56 |
| 20 | 0,3 | 2 | 5 | 9 | 20 | 33 | 46 | 59 |
| 21–25 | 0,3 | 2 | 6 | 11 | 23 | 38 | 53 | 67 |
| 26–30 | 0,4 | 3 | 7 | 13 | 27 | 45 | 63 | 81 |
| 31–35 | 0,5 | 3 | 8 | 15 | 32 | 52 | 72 | 93 |
| 36–40 | 0,5 | 3 | 9 | 16 | 35 | 58 | 81 | 103 |
| 41–45 | 0,6 | 4 | 9 | 18 | 38 | 63 | 88 | 113 |
| 46–50 | 0,6 | 4 | 10 | 19 | 41 | 68 | 94 | 121 |
| 51–55 | 0,6 | 4 | 11 | 20 | 44 | 72 | 100 | 128 |
| 56–60 | 0,7 | 4 | 11 | 21 | 46 | 75 | 105 ⑥ | 134 |
| 61–65 | 0,7 | 4 | 12 | 22 | 48 | 78 | 109 | 140 |
| 66–70 | 0,7 | 5 | 12 | 23 | 49 | 81 | 113 | 144 |

Valeurs constantes : charge du combustible de surface = 3,5 t/ha. Catégorie d'incendie : feu de surface.
◯ = Classe d'intensité.

**Tableau 9.24.**
**V$_p$ à l'équilibre (m/min)**
**Classe d'intensité de l'incendie**

# O-1b Herbes sur pied

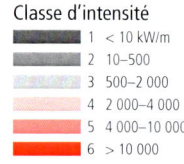
Degré de fanage (%)

| IPI | 0–20 | 21–40 | 41–50 | 51–60 | 61–70 | 71–80 | 81–90 | 91–100 |
|---|---|---|---|---|---|---|---|---|
| 1 | 0 | <0,1 | <0,1 | 0,1 | 0,3 | 0,4 | 0,6 | 0,7 |
| 2 | <0,1 | <0,1 | 0,2 | 0,4 | 0,8 | 1 | 2 | 2 |
| 3 | <0,1 | 0,1 | 0,4 | 0,7 | 2 | 3 | 4 | 5 |
| 4 | <0,1 | 0,2 | 0,6 | 1 | 2 | 4 | 6 | 7 |
| 5 | <0,1 | 0,3 | 0,8 | 2 | 3 | 6 | 8 | 10 |
| 6 | <0,1 | 0,4 | 1 | 2 | 5 | 8 | 10 | 13 |
| 7 | <0,1 | 0,5 | 1 | 3 | 6 | 10 | 13 | 17 |
| 8 | 0,1 | 0,7 | 2 | 3 | 7 | 12 | 16 | 21 |
| 9 | 0,1 | 0,8 | 2 | 4 | 8 | 14 | 19 | 25 |
| 10 | 0,1 | 0,9 | 2 | 4 | 10 | 16 | 22 | 29 |
| 11 | 0,2 | 1 | 3 | 5 | 11 | 18 | 26 | 33 |
| 12 | 0,2 | 1 | 3 | 6 | 13 | 21 | 29 | 37 |
| 13 | 0,2 | 1 | 3 | 6 | 14 | 23 | 32 | 41 |
| 14 | 0,2 | 1 | 4 | 7 | 15 | 25 | 35 | 45 |
| 15 | 0,2 | 2 | 4 | 8 | 17 | 28 | 39 | 50 |
| 16 | 0,3 | 2 | 4 | 8 | 18 | 30 | 42 | 54 |
| 17 | 0,3 | 2 | 5 | 9 | 20 | 33 | 45 | 58 |
| 18 | 0,3 | 2 | 5 | 10 | 21 | 35 | 49 | 62 |
| 19 | 0,3 | 2 | 6 | 10 | 23 | 37 | 52 | 67 |
| 20 | 0,3 | 2 | 6 | 11 | 24 | 40 | 55 | 71 |
| 21–25 | 0,4 | 3 | 7 | 13 | 28 | 47 | 65 | 83 |
| 26–30 | 0,5 | 3 | 8 | 16 | 35 | 57 | 80 | 102 |
| 31–35 | 0,6 | 4 | 10 | 19 | 41 | 67 | 93 | 120 |
| 36–40 | 0,7 | 4 | 11 | 21 | 46 | 76 | 105 | 135 |
| 41–45 | 0,7 | 5 | 12 | 23 | 51 | 83 | 116 | 148 |
| 46–50 | 0,8 | 5 | 13 | 25 | 55 | 90 | 125 | 160 |
| 51–55 | 0,8 | 5 | 14 | 27 | 58 | 95 | 133 | 170 |
| 56–60 | 0,9 | 6 | 15 | 28 | 61 | 100 | 140 | 179 |
| 61–65 | 0,9 | 6 | 15 | 29 | 64 | 105 | 146 | 187 |
| 66–70 | 1 | 6 | 16 | 30 | 66 | 108 | 150 | 193 |

Valeurs constantes : charge du combustible de surface = 3,5 t/ha. Catégorie d'incendie : feu de surface.
◯ = Classe d'intensité.

**Tableau 9.25.**
**$V_p$ à l'équilibre (m/min)**
**Classe d'intensité de l'incendie**

# S-1 Rémanents de pins gris ou de pins tordus

Classe d'intensité
- 1 < 10 kW/m
- 2 10–500
- 3 500–2 000
- 4 2 000–4 000
- 5 4 000–10 000
- 6 > 10 000

|       |       |       |       | ICD   |       |        |         |         |
|-------|-------|-------|-------|-------|-------|--------|---------|---------|
| IPI   | 0–20  | 21–30 | 31–40 | 41–60 | 61–80 | 81–120 | 121–160 | 161–200 |
| 1     | 0,3 ②  | 0,6   | 0,7 ③ | 0,8   | 0,9   | 1      | 1       | 1       |
| 2     | 0,7   | 2     | 2 ④   | 2     | 2     | 2      | 2       | 2       |
| 3     | 1     | 3     | 3     | 3     | 4     | 4      | 4       | 4       |
| 4     | 2     | 4     | 4 ⑤   | 5     | 5     | 6      | 6       | 6       |
| 5     | 2     | 5     | 6     | 6     | 7     | 7      | 8       | 8       |
| 6     | 3     | 6     | 7     | 8     | 8     | 9      | 9       | 10      |
| 7     | 3     | 7     | 8 ⑥   | 9     | 10    | 11     | 11      | 11      |
| 8     | 4     | 8     | 10    | 11    | 12    | 13     | 13      | 13      |
| 9     | 4     | 9     | 11    | 13    | 14    | 14     | 15      | 15      |
| 10    | 5     | 11    | 12    | 14    | 15    | 16     | 17      | 17      |
| 11    | 5     | 12    | 14    | 16    | 17    | 18     | 19      | 19      |
| 12    | 6     | 13    | 15    | 17    | 19    | 20     | 21      | 21      |
| 13    | 6     | 14    | 17    | 19    | 20    | 22     | 23      | 23      |
| 14    | 7     | 15    | 18    | 20    | 22    | 23     | 24      | 25      |
| 15    | 7     | 16    | 19    | 22    | 24    | 25     | 26      | 27      |
| 16    | 8     | 18    | 21    | 23    | 25    | 27     | 28      | 29      |
| 17    | 8     | 19    | 22    | 25    | 27    | 29     | 30      | 30      |
| 18    | 9     | 20    | 23    | 26    | 28    | 30     | 31      | 32      |
| 19    | 9     | 21    | 24    | 28    | 30    | 32     | 33      | 34      |
| 20    | 9     | 22    | 26    | 29    | 31    | 33     | 35      | 36      |
| 21–25 | 11    | 25    | 29    | 33    | 36    | 38     | 40      | 41      |
| 26–30 | 13    | 30    | 35    | 39    | 42    | 45     | 47      | 48      |
| 31–35 | 15    | 34    | 40    | 45    | 48    | 51     | 54      | 55      |
| 36–40 | 16    | 37    | 44    | 50    | 54    | 57     | 59      | 61      |
| 41–45 | 18    | 41    | 48    | 54    | 58    | 62     | 65      | 66      |
| 46–50 | 19    | 44    | 51    | 58    | 62    | 66     | 69      | 71      |
| 51–55 | 20    | 46    | 54    | 61    | 66    | 70     | 73      | 75      |
| 56–60 | 21    | 48    | 57    | 64    | 69    | 73     | 77      | 78      |
| 61–65 | 22    | 50    | 59    | 66    | 72    | 76     | 80      | 81      |
| 66–70 | 22    | 52    | 61    | 68    | 74    | 79     | 82      | 84      |

□ = $ICD_0$. Catégorie d'incendie : feu de surface. ○ = Classe d'intensité.

Tableau 9.26.
**V$_p$ à l'équilibre (m/min)**
**Classe d'intensité de l'incendie**

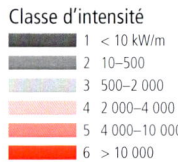

Classe d'intensité
- 1 < 10 kW/m
- 2 10–500
- 3 500–2 000
- 4 2 000–4 000
- 5 4 000–10 000
- 6 > 10 000

# S-2 Rémanents d'épinettes blanches et de sapins baumiers

| IPI | 0–20 | 21–30 | 31–40 | 41–60 | 61–80 | 81–120 | 121–160 | 161–200 |
|---|---|---|---|---|---|---|---|---|
| 1 | <0,1 | 0,1 ②| 0,2 | 0,2 | 0,2 | 0,2 | 0,2 | 0,2 |
| 2 | 0,2 | 0,4 | 0,5 | ③0,6 | 0,6 | 0,6 | 0,7 | 0,7 |
| 3 | 0,4 | 0,8 | 1 | ④ 1 | 1 | 1 | 1 | 1 |
| 4 | 0,6 | 1 | 1 | 2 | 2 | 2 | 2 | 2 |
| 5 | 0,8 | 2 | 2 | ⑤ 2 | 3 | 3 | 3 | 3 |
| 6 | 1 | 2 | 3 | 3 | 3 | 4 | 4 | 4 |
| 7 | 1 | 3 | 3 | 4 | 4 | 5 | 5 | 5 |
| 8 | 2 | 4 | 4 | 5 | 5 | 5 | 6 | 6 |
| 9 | 2 | 4 | 5 | ⑥ 6 | 6 | 6 | 7 | 7 |
| 10 | 2 | 5 | 6 | 6 | 7 | 7 | 8 | 8 |
| 11 | 2 | 6 | 7 | 7 | 8 | 8 | 9 | 9 |
| 12 | 3 | 6 | 7 | 8 | 9 | 10 | 10 | 10 |
| 13 | 3 | 7 | 8 | 9 | 10 | 11 | 11 | 11 |
| 14 | 3 | 8 | 9 | 10 | 11 | 12 | 12 | 12 |
| 15 | 4 | 8 | 10 | 11 | 12 | 13 | 13 | 13 |
| 16 | 4 | 9 | 10 | 12 | 13 | 14 | 14 | 14 |
| 17 | 4 | 10 | 11 | 13 | 14 | 15 | 15 | 16 |
| 18 | 4 | 10 | 12 | 13 | 15 | 16 | 16 | 17 |
| 19 | 5 | 11 | 13 | 14 | 16 | 16 | 17 | 18 |
| 20 | 5 | 11 | 13 | 15 | 16 | 17 | 18 | 19 |
| 21–25 | 6 | 13 | 15 | 17 | 19 | 20 | 21 | 21 |
| 26–30 | 7 | 16 | 19 | 21 | 23 | 24 | 25 | 26 |
| 31–35 | 8 | 18 | 21 | 24 | 26 | 28 | 29 | 29 |
| 36–40 | 9 | 20 | 23 | 26 | 29 | 30 | 32 | 32 |
| 41–45 | 9 | 22 | 25 | 29 | 31 | 33 | 34 | 35 |
| 46–50 | 10 | 23 | 27 | 30 | 33 | 35 | 36 | 37 |
| 51–55 | 10 | 24 | 28 | 32 | 34 | 37 | 38 | 39 |
| 56–60 | 11 | 25 | 29 | 33 | 36 | 38 | 39 | 40 |
| 61–65 | 11 | 26 | 30 | 34 | 37 | 39 | 41 | 42 |
| 66–70 | 11 | 26 | 31 | 35 | 38 | 40 | 42 | 42 |

□ = ICD$_0$. Catégorie d'incendie : feu de surface. ◯ = Classe d'intensité.

**Tableau 9.27.**
**V_p à l'équilibre (m/min)**
**Classe d'intensité de l'incendie**

# S-3 Rémanents de thuyas, de pruches et de douglas côtiers

Classe d'intensité

| | |
|---|---|
| 1 | < 10 kW/m |
| 2 | 10–500 |
| 3 | 500–2 000 |
| 4 | 2 000–4 000 |
| 5 | 4 000–10 000 |
| 6 | > 10 000 |

ICD

| IPI | 0–20 | 21–30 | 31–40 | 41–60 | 61–80 | 81–120 | 121–160 | 161–200 |
|---|---|---|---|---|---|---|---|---|
| 1 | 0 | <0,1 | <0,1 ② | <0,1 | <0,1 | <0,1 | <0,1 | <0,1 |
| 2 | <0,1 | 0,1 | 0,1 ③ | 0,2 | 0,2 | 0,2 | 0,2 | 0,2 |
| 3 | 0,2 | 0,4 | 0,5 ④ | 0,5 | 0,6 | 0,6 | 0,6 | 0,6 |
| 4 | 0,4 | 0,9 | 1 ⑤ | 1 | 1 | 1 | 1 | 1 |
| 5 | 0,7 | 2 | 2 | 2 | 2 | 2 | 2 | 3 |
| 6 | 1 | 2 | 3 | 3 | 4 | 4 | 4 | 4 |
| 7 | 2 | 4 | 4 | 5 | 5 | 5 | 6 | 6 |
| 8 | 2 | 5 | 6 ⑥ | 6 | 7 | 7 | 8 | 8 |
| 9 | 3 | 6 | 7 | 8 | 9 | 10 | 10 | 10 |
| 10 | 3 | 8 | 9 | 10 | 11 | 12 | 13 | 13 |
| 11 | 4 | 10 | 11 | 13 | 14 | 15 | 15 | 16 |
| 12 | 5 | 11 | 13 | 15 | 16 | 17 | 18 | 18 |
| 13 | 6 | 13 | 15 | 17 | 19 | 20 | 21 | 21 |
| 14 | 6 | 15 | 18 | 20 | 21 | 23 | 24 | 24 |
| 15 | 7 | 17 | 20 | 22 | 24 | 26 | 27 | 27 |
| 16 | 8 | 19 | 22 | 25 | 27 | 28 | 29 | 30 |
| 17 | 9 | 20 | 24 | 27 | 29 | 31 | 32 | 33 |
| 18 | 10 | 22 | 26 | 29 | 32 | 34 | 35 | 36 |
| 19 | 10 | 24 | 28 | 31 | 34 | 36 | 38 | 38 |
| 20 | 11 | 25 | 30 | 33 | 36 | 39 | 40 | 41 |
| 21–25 | 13 | 30 | 35 | 39 | 43 | 45 | 47 | 48 |
| 26–30 | 15 | 36 | 42 | 47 | 51 | 54 | 57 | 58 |
| 31–35 | 17 | 40 | 47 | 53 | 58 | 61 | 64 | 65 |
| 36–40 | 19 | 43 | 51 | 57 | 62 | 66 | 69 | 70 |
| 41–45 | 20 | 45 | 53 | 60 | 65 | 69 | 72 | 74 |
| 46–50 | 20 | 47 | 55 | 62 | 67 | 71 | 74 | 76 |
| 51–55 | 21 | 48 | 56 | 63 | 69 | 73 | 76 | 78 |
| 56–60 | 21 | 48 | 57 | 64 | 69 | 74 | 77 | 79 |
| 61–65 | 21 | 49 | 57 | 65 | 70 | 75 | 78 | 79 |
| 66–70 | 21 | 49 | 58 | 65 | 71 | 75 | 78 | 80 |

□ = ICD$_0$. Catégorie d'incendie : feu de surface. ◯ = Classe d'intensité.

Tableau 10.1.

# Distance de propagation (m)

$V_p$ à l'équilibre : tous les types de combustibles
$V_p$ avec accélération :
Types de combustibles ouverts
et feux de surface pour les types de
combustibles fermés

## Temps écoulé (min)

| $V_{p.éq.}$ | 5 | 15 | | 30 | | 45 | | 60 | | 120 | | 180 | |
|---|---|---|---|---|---|---|---|---|---|---|---|---|---|
| 0,2 | 1 | 3 | 2 | 6 | 4 | 9 | 7 | 12 | 10 | 24 | 22 | 36 | 34 |
| 0,4 | 2 | 6 | 3 | 12 | 9 | 18 | 15 | 24 | 21 | 48 | 45 | 72 | 69 |
| 0,6 | 3 | 9 | 5 | 18 | 13 | 27 | 22 | 36 | 31 | 72 | 67 | 108 | 103 |
| 0,8 | 4 | 12 | 6 | 24 | 17 | 36 | 29 | 48 | 41 | 96 | 89 | 144 | 137 |
| 1 | 5 | 15 | 8 | 30 | 22 | 45 | 36 | 60 | 51 | 120 | 111 | 180 | 171 |
| 2 | 10 | 30 | 16 | 60 | 43 | 90 | 73 | 120 | 103 | 240 | 223 | 360 | 343 |
| 3 | 15 | 45 | 24 | 90 | 65 | 135 | 109 | 180 | 154 | 360 | 334 | 540 | 514 |
| 4 | 20 | 60 | 31 | 120 | 86 | 180 | 145 | 240 | 205 | 480 | 445 | 720 | 685 |
| 5 | 25 | 75 | 39 | 150 | 108 | 225 | 182 | 300 | 257 | 600 | 557 | 900 | 857 |
| 6 | 30 | 90 | 47 | 180 | 129 | 270 | 218 | 360 | 308 | 720 | 668 | 1080 | 1028 |
| 7 | 35 | 105 | 55 | 210 | 151 | 315 | 254 | 420 | 359 | 840 | 779 | 1260 | 1199 |
| 8 | 40 | 120 | 63 | 240 | 173 | 360 | 291 | 480 | 411 | 960 | 890 | 1440 | 1370 |
| 9 | 45 | 135 | 71 | 270 | 194 | 405 | 327 | 540 | 462 | 1080 | 1002 | 1620 | 1542 |
| 10 | 50 | 150 | 79 | 300 | 216 | 450 | 364 | 600 | 513 | 1200 | 1113 | 1800 | 1713 |
| 12 | 60 | 180 | 94 | 360 | 259 | 540 | 436 | 720 | 616 | 1440 | 1336 | 2160 | 2056 |
| 14 | 70 | 210 | 110 | 420 | 302 | 630 | 509 | 840 | 718 | 1680 | 1558 | 2520 | 2398 |
| 16 | 80 | 240 | 126 | 480 | 345 | 720 | 582 | 960 | 821 | 1920 | 1781 | 2880 | 2741 |
| 18 | 90 | 270 | 141 | 540 | 388 | 810 | 654 | 1080 | 924 | 2160 | 2003 | 3240 | 3083 |
| 20 | 100 | 300 | 157 | 600 | 432 | 900 | 727 | 1200 | 1026 | 2400 | 2226 | 3600 | 3426 |
| 25 | 125 | 375 | 196 | 750 | 540 | 1125 | 909 | 1500 | 1283 | 3000 | 2783 | 4500 | 4283 |
| 30 | 150 | 450 | 236 | 900 | 647 | 1350 | 1091 | 1800 | 1539 | 3600 | 3339 | 5400 | 5139 |
| 35 | 176 | 525 | 275 | 1050 | 755 | 1575 | 1272 | 2100 | 1796 | 4200 | 3896 | 6300 | 5996 |
| 40 | 200 | 600 | 314 | 1200 | 863 | 1800 | 1454 | 2400 | 2053 | 4800 | 4452 | 7200 | 6852 |
| 45 | 225 | 675 | 353 | 1350 | 971 | 2025 | 1636 | 2700 | 2309 | 5400 | 5009 | 8100 | 7709 |
| 50 | 250 | 750 | 393 | 1500 | 1079 | 2250 | 1818 | 3000 | 2566 | 6000 | 5565 | 9000 | 8565 |
| 55 | 275 | 825 | 432 | 1650 | 1187 | 2475 | 1999 | 3300 | 2822 | 6600 | 6122 | 9900 | 9422 |
| 60 | 300 | 900 | 471 | 1800 | 1295 | 2700 | 2181 | 3600 | 3079 | 7200 | 6678 | 10800 | 10278 |
| 65 | 325 | 975 | 510 | 1950 | 1403 | 2925 | 2363 | 3900 | 3335 | 7800 | 7235 | 11700 | 11135 |
| 70 | 350 | 1050 | 550 | 2100 | 1511 | 3150 | 2545 | 4200 | 3592 | 8400 | 7791 | 12600 | 11991 |
| 75 | 375 | 1125 | 589 | 2250 | 1619 | 3375 | 2727 | 4500 | 3848 | 9000 | 8348 | 13500 | 12848 |
| 80 | 400 | 1200 | 628 | 2400 | 1726 | 3600 | 2908 | 4800 | 4105 | 9600 | 8904 | 14400 | 13704 |
| 85 | 425 | 1275 | 668 | 2550 | 1834 | 3825 | 3090 | 5100 | 4362 | 10200 | 9461 | 15300 | 14561 |
| 90 | 450 | 1350 | 707 | 2700 | 1942 | 4050 | 3272 | 5400 | 4618 | 10800 | 10017 | 16200 | 15417 |
| 95 | 475 | 1425 | 746 | 2850 | 2050 | 4275 | 3454 | 5700 | 4875 | 11400 | 10574 | 17100 | 16274 |
| 100 | 500 | 1500 | 785 | 3000 | 2158 | 4500 | 3635 | 6000 | 5131 | 12000 | 11130 | 18000 | 17130 |

Les nombres en rouge indiquent la distance de propagation (m) d'un feu établi ayant atteint sa $V_p$ à l'équilibre pour tous les types de combustibles. Les valeurs pour 5 min sont une zone de risque supérieur si le feu brûlant sur le flanc d'un incendie en devient la tête. Les nombres en noir indiquent la distance de propagation (m) à partir d'une source d'allumage ponctuelle ayant une $V_p$ avec accélération pour des feux de surface (FCC <10 %) dans des types de combustibles fermés et des feux accélérant dans les types de combustibles ouverts (C-1, D-1, O-1, S-1, S-2, S-3). C-2 et C-7 sont également considérés être des types de combustibles ouverts lorsque la fermeture du couvert est inférieure à 50 %

## Tableau 10.2.
# Distance de propagation (m)

**Vp avec accélération :**
**Feux de cimes avec**
**combustibles fermés**

### Temps écoulé (min)

| $V_{p.éq.}$ | 15 | | 30 | | 45 | | 60 | | 120 | | 180 | |
|---|---|---|---|---|---|---|---|---|---|---|---|---|
| 0,2 | 1 | 1 | 3 | 4 | 6 | 7 | 8 | 10 | 20 | 22 | 32 | 34 |
| 0,4 | 2 | 3 | 6 | 8 | 11 | 14 | 17 | 20 | 41 | 44 | 65 | 68 |
| 0,6 | 3 | 4 | 9 | 12 | 17 | 21 | 25 | 30 | 61 | 66 | 97 | 102 |
| 0,8 | 4 | 6 | 12 | 17 | 23 | 28 | 34 | 40 | 81 | 88 | 129 | 136 |
| 1 | 5 | 7 | 15 | 21 | 28 | 35 | 42 | 50 | 102 | 110 | 162 | 170 |
| 2 | 9 | 15 | 30 | 42 | 56 | 71 | 84 | 101 | 203 | 221 | 323 | 341 |
| 3 | 14 | 22 | 46 | 62 | 84 | 106 | 127 | 151 | 305 | 331 | 485 | 511 |
| 4 | 19 | 30 | 61 | 83 | 113 | 142 | 169 | 202 | 406 | 442 | 646 | 682 |
| 5 | 24 | 37 | 76 | 104 | 141 | 177 | 211 | 252 | 508 | 552 | 808 | 852 |
| 6 | 28 | 44 | 91 | 125 | 169 | 213 | 253 | 303 | 609 | 662 | 969 | 1022 |
| 7 | 33 | 52 | 106 | 146 | 197 | 248 | 296 | 353 | 711 | 773 | 1131 | 1193 |
| 8 | 38 | 59 | 121 | 167 | 225 | 284 | 338 | 403 | 812 | 883 | 1292 | 1363 |
| 9 | 43 | 67 | 137 | 187 | 253 | 319 | 380 | 454 | 914 | 994 | 1454 | 1534 |
| 10 | 47 | 74 | 152 | 208 | 281 | 355 | 422 | 504 | 1016 | 1104 | 1615 | 1704 |
| 12 | 57 | 89 | 182 | 250 | 338 | 426 | 507 | 605 | 1219 | 1325 | 1938 | 2045 |
| 14 | 66 | 104 | 212 | 292 | 394 | 497 | 591 | 706 | 1422 | 1546 | 2261 | 2386 |
| 16 | 76 | 119 | 243 | 333 | 450 | 568 | 676 | 807 | 1625 | 1766 | 2584 | 2726 |
| 18 | 85 | 133 | 273 | 375 | 507 | 639 | 760 | 908 | 1828 | 1987 | 2907 | 3067 |
| 20 | 95 | 148 | 303 | 417 | 563 | 710 | 845 | 1008 | 2031 | 2208 | 3231 | 3408 |
| 25 | 118 | 185 | 379 | 521 | 704 | 887 | 1056 | 1261 | 2539 | 2760 | 4038 | 4260 |
| 30 | 142 | 222 | 455 | 625 | 844 | 1065 | 1267 | 1513 | 3047 | 3312 | 4846 | 5112 |
| 35 | 165 | 260 | 531 | 729 | 985 | 1242 | 1479 | 1765 | 3554 | 3864 | 5653 | 5964 |
| 40 | 189 | 297 | 607 | 833 | 1126 | 1420 | 1690 | 2017 | 4062 | 4416 | 6461 | 6816 |
| 45 | 213 | 334 | 683 | 937 | 1266 | 1597 | 1901 | 2269 | 4570 | 4968 | 7269 | 7668 |
| 50 | 236 | 371 | 758 | 1041 | 1407 | 1775 | 2112 | 2521 | 5078 | 5520 | 8076 | 8520 |
| 55 | 260 | 408 | 834 | 1145 | 1548 | 1952 | 2323 | 2773 | 5585 | 6072 | 8884 | 9372 |
| 60 | 284 | 445 | 910 | 1250 | 1689 | 2130 | 2535 | 3025 | 6093 | 6624 | 9692 | 10224 |
| 65 | 307 | 482 | 986 | 1354 | 1829 | 2307 | 2746 | 3277 | 6601 | 7176 | 10499 | 11076 |
| 70 | 331 | 519 | 1062 | 1458 | 1970 | 2484 | 2957 | 3530 | 7109 | 7728 | 11307 | 11928 |
| 75 | 355 | 556 | 1138 | 1562 | 2111 | 2662 | 3168 | 3782 | 7617 | 8280 | 12115 | 12780 |
| 80 | 378 | 593 | 1213 | 1666 | 2251 | 2839 | 3380 | 4034 | 8124 | 8832 | 12922 | 13632 |
| 85 | 402 | 630 | 1289 | 1770 | 2392 | 3017 | 3591 | 4286 | 8632 | 9384 | 13730 | 14484 |
| 90 | 426 | 667 | 1365 | 1874 | 2533 | 3194 | 3802 | 4538 | 9140 | 9936 | 14537 | 15336 |
| 95 | 449 | 704 | 1441 | 1978 | 2674 | 3372 | 4013 | 4790 | 9648 | 10488 | 15345 | 16188 |
| 100 | 473 | 741 | 1517 | 2083 | 2814 | 3549 | 4224 | 5042 | 10155 | 11040 | 16153 | 17040 |

Utilisez le présent tableau pour des feux de cimes dans les types de combustible fermés C-2 à C-6 et M1–M4. Les nombres en noir indiquent les distances de propagation des feux de cimes intermittents à une FCC de 50 %. C-2 et C-7 sont considérés des types de combustibles ouverts lorsque la fermeture du couvert est inférieure à 50 %. Les nombres en rouge indiquent les distances de propagation des feux de cimes continus ayant une FCC de 90 %.

Tableau 11.1.

## Superficie (ha) et périmètre (m) du feu
# Combustibles C, D, M, S

| Distance de propagation (m) | Vitesse résultante du vent (km/h) | | | | | | | | | | |
|---|---|---|---|---|---|---|---|---|---|---|---|
| | 0 | 5 | 10 | 15 | 20 | 25 | 30 | 35 | 40 | 45 | 50 |
| 50 | 0,2 | 0,2 | 0,1 | <0,1 | <0,1 | <0,1 | <0,1 | <0,1 | <0,1 | <0,1 | <0,1 |
| | 157 | 148 | 133 | 121 | 114 | 110 | 108 | 106 | 105 | 104 | 103 |
| 100 | 1 | 1 | 0,5 | 0,4 | 0,3 | 0,2 | 0,2 | 0,2 | 0,2 | 0,1 | 0,1 |
| | 314 | 297 | 266 | 243 | 229 | 220 | 215 | 212 | 209 | 208 | 206 |
| 150 | 2 | 2 | 1 | 1 | 1 | 1 | 0,5 | 0,4 | 0,4 | 0,3 | 0,3 |
| | 471 | 445 | 399 | 364 | 343 | 330 | 323 | 317 | 314 | 312 | 310 |
| 200 | 3 | 3 | 2 | 2 | 1 | 1 | 1 | 1 | 1 | 1 | 1 |
| | 628 | 594 | 532 | 486 | 457 | 441 | 430 | 423 | 419 | 415 | 413 |
| 250 | 5 | 4 | 3 | 2 | 2 | 2 | 1 | 1 | 1 | 1 | 1 |
| | 785 | 742 | 665 | 607 | 572 | 551 | 538 | 529 | 523 | 519 | 516 |
| 300 | 7 | 6 | 5 | 4 | 3 | 2 | 2 | 2 | 1 | 1 | 1 |
| | 942 | 891 | 798 | 728 | 686 | 661 | 645 | 635 | 628 | 623 | 619 |
| 400 | 13 | 11 | 9 | 6 | 5 | 4 | 3 | 3 | 2 | 2 | 2 |
| | 1257 | 1188 | 1064 | 971 | 915 | 881 | 860 | 847 | 837 | 831 | 826 |
| 500 | 20 | 17 | 13 | 10 | 8 | 6 | 5 | 4 | 4 | 3 | 3 |
| | 1571 | 1485 | 1330 | 1214 | 1144 | 1102 | 1075 | 1058 | 1047 | 1038 | 1032 |
| 600 | 28 | 25 | 19 | 14 | 11 | 9 | 7 | 6 | 6 | 5 | 5 |
| | 1885 | 1782 | 1596 | 1457 | 1372 | 1322 | 1290 | 1270 | 1256 | 1246 | 1239 |
| 800 | 50 | 45 | 34 | 25 | 20 | 16 | 13 | 11 | 10 | 9 | 8 |
| | 2513 | 2376 | 2128 | 1943 | 1830 | 1762 | 1720 | 1693 | 1675 | 1661 | 1652 |
| 1000 | 79 | 70 | 53 | 40 | 31 | 25 | 20 | 18 | 16 | 14 | 13 |
| | 3142 | 2970 | 2660 | 2428 | 2287 | 2203 | 2151 | 2116 | 2093 | 2077 | 2065 |
| 1200 | 113 | 101 | 77 | 57 | 44 | 35 | 29 | 25 | 22 | 20 | 19 |
| | 3770 | 3564 | 3192 | 2914 | 2745 | 2644 | 2581 | 2540 | 2512 | 2492 | 2478 |
| 1500 | 177 | 157 | 120 | 89 | 69 | 55 | 46 | 40 | 35 | 32 | 29 |
| | 4712 | 4455 | 3989 | 3642 | 3431 | 3305 | 3226 | 3175 | 3140 | 3115 | 3097 |
| 2000 | 314 | 279 | 213 | 159 | 122 | 98 | 82 | 71 | 62 | 56 | 52 |
| | 6283 | 5940 | 5319 | 4857 | 4575 | 4406 | 4301 | 4233 | 4187 | 4154 | 4130 |
| 2500 | 491 | 436 | 333 | 248 | 191 | 153 | 128 | 110 | 98 | 88 | 81 |
| | 7854 | 7425 | 6649 | 6071 | 5718 | 5508 | 5376 | 5291 | 5233 | 5192 | 5162 |
| 3000 | 707 | 628 | 479 | 357 | 275 | 221 | 184 | 159 | 140 | 127 | 117 |
| | 9425 | 8910 | 7979 | 7285 | 6862 | 6609 | 6452 | 6349 | 6280 | 6231 | 6195 |
| 4000 | 1257 | 1117 | 852 | 635 | 489 | 393 | 328 | 282 | 250 | 226 | 207 |
| | 12566 | 11880 | 10638 | 9713 | 9149 | 8812 | 8602 | 8466 | 8373 | 8307 | 8260 |
| 5000 | 1963 | 1746 | 1331 | 992 | 764 | 613 | 512 | 441 | 390 | 352 | 324 |
| | 15708 | 14849 | 13298 | 12141 | 11437 | 11015 | 10753 | 10582 | 10466 | 10384 | 10324 |
| L/I | 1,0 | 1,1 | 1,5 | 2,0 | 2,6 | 3,3 | 3,8 | 4,4 | 5,0 | 5,6 | 6,1 |
| | 0 | 1,4 | 2,8 | 4,2 | 5,6 | 6,9 | 8,3 | 9,7 | 11,1 | 12,5 | 13,9 |

Vitesse résultante du vent (m/s)

Dans le tableau, les nombres en rouge indiquent la superficie et ceux en noir, la longueur du périmètre. C = conifères, D = feuillus, M = forêts mixtes, S = rémanents.

**Tableau 11.2.**

## Superficie (ha) et périmètre (m) du feu

# O-1 Herbes aplaties et sur pied

| Distance de propagation (m) | Vitesse résultante du vent (km/h) | | | | | | | | | | |
|---|---|---|---|---|---|---|---|---|---|---|---|
| | 0 | 5 | 10 | 15 | 20 | 25 | 30 | 35 | 40 | 45 | 50 |
| 50 | 0,2 | 0,1 | 0,1 | 0,1 | <0,1 | <0,1 | <0,1 | <0,1 | <0,1 | <0,1 | <0,1 |
| | 157 | 117 | 110 | 107 | 106 | 105 | 104 | 104 | 103 | 103 | 103 |
| 100 | 1 | 0,3 | 0,2 | 0,2 | 0,2 | 0,2 | 0,1 | 0,1 | 0,1 | 0,1 | 0,1 |
| | 314 | 234 | 220 | 215 | 212 | 210 | 208 | 207 | 206 | 206 | 205 |
| 150 | 2 | 1 | 1 | 0,5 | 0,4 | 0,4 | 0,3 | 0,3 | 0,3 | 0,3 | 0,3 |
| | 471 | 350 | 330 | 322 | 318 | 315 | 313 | 313 | 311 | 310 | 308 |
| 200 | 3 | 1 | 1 | 1 | 1 | 1 | 1 | 0,5 | 0,5 | 0,5 | 0,5 |
| | 628 | 467 | 441 | 430 | 424 | 420 | 417 | 415 | 413 | 411 | 410 |
| 250 | 5 | 2 | 2 | 1 | 1 | 1 | 1 | 1 | 1 | 1 | 1 |
| | 785 | 584 | 551 | 537 | 530 | 525 | 521 | 518 | 516 | 514 | 513 |
| 300 | 7 | 3 | 2 | 2 | 2 | 1 | 1 | 1 | 1 | 1 | 1 |
| | 942 | 701 | 661 | 645 | 635 | 629 | 625 | 622 | 619 | 617 | 615 |
| 400 | 13 | 5 | 4 | 3 | 3 | 3 | 2 | 2 | 2 | 2 | 2 |
| | 1257 | 935 | 881 | 859 | 847 | 839 | 833 | 829 | 826 | 823 | 821 |
| 500 | 20 | 8 | 6 | 5 | 4 | 4 | 4 | 3 | 3 | 3 | 3 |
| | 1571 | 1168 | 1101 | 1074 | 1059 | 1049 | 1042 | 1036 | 1032 | 1029 | 1026 |
| 600 | 28 | 12 | 9 | 7 | 6 | 6 | 5 | 5 | 4 | 4 | 4 |
| | 1885 | 1402 | 1322 | 1289 | 1271 | 1259 | 1250 | 1244 | 1239 | 1234 | 1231 |
| 800 | 50 | 22 | 16 | 13 | 11 | 10 | 9 | 9 | 8 | 8 | 7 |
| | 2513 | 1869 | 1762 | 1719 | 1694 | 1678 | 1667 | 1658 | 1651 | 1646 | 1641 |
| 1000 | 79 | 34 | 25 | 20 | 18 | 16 | 15 | 14 | 13 | 12 | 12 |
| | 3142 | 2336 | 2203 | 2149 | 2118 | 2098 | 2084 | 2073 | 2064 | 2057 | 2052 |
| 1200 | 113 | 49 | 35 | 29 | 26 | 23 | 21 | 20 | 19 | 18 | 17 |
| | 3770 | 2804 | 2643 | 2578 | 2542 | 2518 | 2500 | 2487 | 2477 | 2469 | 2462 |
| 1500 | 177 | 76 | 55 | 46 | 40 | 36 | 31 | 29 | 27 | 27 | 26 |
| | 4712 | 3505 | 3304 | 3223 | 3177 | 3147 | 3126 | 3109 | 3096 | 3086 | 3077 |
| 2000 | 314 | 135 | 98 | 81 | 71 | 64 | 59 | 55 | 52 | 49 | 46 |
| | 6283 | 4673 | 4406 | 4297 | 4236 | 4196 | 4167 | 4146 | 4129 | 4115 | 4103 |
| 2500 | 491 | 211 | 153 | 127 | 111 | 100 | 92 | 86 | 81 | 76 | 73 |
| | 7854 | 5841 | 5507 | 5372 | 5295 | 5245 | 5209 | 5182 | 5161 | 5143 | 5129 |
| 3000 | 707 | 305 | 221 | 183 | 160 | 144 | 133 | 123 | 116 | 110 | 105 |
| | 9425 | 7009 | 6609 | 6446 | 6354 | 6294 | 6251 | 6219 | 6193 | 6172 | 6155 |
| 4000 | 1257 | 541 | 392 | 325 | 285 | 257 | 236 | 219 | 206 | 195 | 186 |
| | 12566 | 9346 | 8812 | 8595 | 8472 | 8392 | 8335 | 8291 | 8257 | 8229 | 8206 |
| 5000 | 1963 | 846 | 613 | 508 | 445 | 401 | 368 | 343 | 322 | 305 | 291 |
| | 15708 | 11682 | 11015 | 10743 | 10590 | 10490 | 10419 | 10364 | 10322 | 10287 | 10258 |
| L/I | 1,0 | 2,3 | 3,2 | 3,5 | 4,4 | 4,9 | 5,3 | 5,7 | 6,1 | 6,4 | 6,8 |
| | 0 | 1,4 | 2,8 | 4,2 | 5,6 | 6,9 | 8,3 | 9,7 | 11,1 | 12,5 | 13,0 |

**Vitesse résultante du vent (m/s)**

Dans le tableau, les nombres en rouge indiquent la superficie et ceux en noir, la longueur du périmètre.

Tableau 12.1.

# Vitesse de croissance du périmètre (m/min)
# Combustibles C, D, M, S

| | | | | Vitesse résultante du vent (km/h) | | | | | | |
|---|---|---|---|---|---|---|---|---|---|---|
| $V_{p.éq}$ | 0 | 5 | 10 | 15 | 20 | 25 | 30 | 35 | 40 | 45 | 50 |
| 0,2 | 1 | 1 | 1 | <1 | <1 | <1 | <1 | <1 | <1 | <1 | <1 |
| 0,4 | 1 | 1 | 1 | 1 | 1 | 1 | 1 | 1 | 1 | 1 | 1 |
| 0,6 | 2 | 2 | 2 | 1 | 1 | 1 | 1 | 1 | 1 | 1 | 1 |
| 0,8 | 3 | 2 | 2 | 2 | 2 | 2 | 2 | 2 | 2 | 2 | 2 |
| 1 | 3 | 3 | 3 | 2 | 2 | 2 | 2 | 2 | 2 | 2 | 2 |
| 2 | 6 | 6 | 5 | 5 | 5 | 4 | 4 | 4 | 4 | 4 | 4 |
| 3 | 9 | 9 | 8 | 7 | 7 | 7 | 6 | 6 | 6 | 6 | 6 |
| 4 | 13 | 12 | 11 | 10 | 9 | 9 | 9 | 8 | 8 | 8 | 8 |
| 5 | 16 | 15 | 13 | 12 | 11 | 11 | 11 | 10 | 10 | 10 | 10 |
| 6 | 19 | 18 | 16 | 15 | 14 | 13 | 13 | 13 | 13 | 12 | 12 |
| 7 | 22 | 21 | 19 | 17 | 16 | 15 | 15 | 15 | 15 | 15 | 14 |
| 8 | 25 | 24 | 21 | 19 | 18 | 18 | 17 | 17 | 17 | 17 | 17 |
| 9 | 28 | 27 | 24 | 22 | 21 | 20 | 19 | 19 | 19 | 19 | 19 |
| 10 | 31 | 30 | 27 | 24 | 23 | 22 | 22 | 21 | 21 | 21 | 21 |
| 12 | 38 | 36 | 32 | 29 | 27 | 26 | 26 | 25 | 25 | 25 | 25 |
| 14 | 44 | 42 | 37 | 34 | 32 | 31 | 30 | 30 | 29 | 29 | 29 |
| 16 | 50 | 48 | 43 | 39 | 37 | 35 | 34 | 34 | 33 | 33 | 33 |
| 18 | 57 | 53 | 48 | 44 | 41 | 40 | 39 | 38 | 38 | 37 | 37 |
| 20 | 63 | 59 | 53 | 49 | 46 | 44 | 43 | 42 | 42 | 42 | 41 |
| 25 | 79 | 74 | 66 | 61 | 57 | 55 | 54 | 53 | 52 | 52 | 52 |
| 30 | 94 | 89 | 80 | 73 | 69 | 66 | 65 | 63 | 63 | 62 | 62 |
| 35 | 110 | 104 | 93 | 85 | 80 | 77 | 75 | 74 | 73 | 73 | 72 |
| 40 | 126 | 119 | 106 | 97 | 91 | 88 | 86 | 85 | 84 | 83 | 83 |
| 45 | 141 | 134 | 120 | 109 | 103 | 99 | 97 | 95 | 94 | 93 | 93 |
| 50 | 157 | 148 | 133 | 121 | 114 | 110 | 108 | 106 | 105 | 104 | 103 |
| 55 | 173 | 163 | 146 | 134 | 126 | 121 | 118 | 116 | 115 | 114 | 114 |
| 60 | 188 | 178 | 160 | 146 | 137 | 132 | 129 | 127 | 126 | 125 | 124 |
| 65 | 204 | 193 | 173 | 158 | 149 | 143 | 140 | 138 | 136 | 135 | 134 |
| 70 | 220 | 208 | 186 | 170 | 160 | 154 | 151 | 148 | 147 | 145 | 145 |
| 75 | 236 | 223 | 199 | 182 | 172 | 165 | 161 | 159 | 157 | 156 | 155 |
| 80 | 251 | 238 | 213 | 194 | 183 | 176 | 172 | 169 | 167 | 166 | 165 |
| 85 | 267 | 252 | 226 | 206 | 194 | 187 | 183 | 180 | 178 | 177 | 176 |
| 90 | 283 | 267 | 239 | 219 | 206 | 198 | 194 | 190 | 188 | 187 | 186 |
| 95 | 298 | 282 | 253 | 231 | 217 | 209 | 204 | 201 | 199 | 197 | 196 |
| 100 | 314 | 297 | 266 | 243 | 229 | 220 | 215 | 212 | 209 | 208 | 206 |
| | 0 | 1,4 | 2,8 | 4,2 | 5,6 | 6,9 | 8,3 | 9,7 | 11,1 | 12,5 | 13,9 |

**Vitesse résultante du vent (m/s)**

Pour plus d'exactitude, utilisez la somme de la $V_p$ à la tête et à l'arrière du feu pour obtenir $V_{p.éq}$
C = conifères, D = feuillus, M = forêts mixtes, S = rémanents.

Tableau 12.2.

# Vitesse de croissance du périmètre (m/min)
# Combustibles de type herbes

### Vitesse résultante du vent (km/h)

| $V_{p.éq}$ | 0 | 5 | 10 | 15 | 20 | 25 | 30 | 35 | 40 | 45 | 50 |
|---|---|---|---|---|---|---|---|---|---|---|---|
| 0,2 | 1 | <1 | <1 | <1 | <1 | <1 | <1 | <1 | <1 | <1 | <1 |
| 0,4 | 1 | 1 | 1 | 1 | 1 | 1 | 1 | 1 | 1 | 1 | 1 |
| 0,6 | 2 | 1 | 1 | 1 | 1 | 1 | 1 | 1 | 1 | 1 | 1 |
| 0,8 | 3 | 2 | 2 | 2 | 2 | 2 | 2 | 2 | 2 | 2 | 2 |
| 1 | 3 | 2 | 2 | 2 | 2 | 2 | 2 | 2 | 2 | 2 | 2 |
| 2 | 6 | 5 | 4 | 4 | 4 | 4 | 4 | 4 | 4 | 4 | 4 |
| 3 | 9 | 7 | 7 | 6 | 6 | 6 | 6 | 6 | 6 | 6 | 6 |
| 4 | 13 | 9 | 9 | 9 | 8 | 8 | 8 | 8 | 8 | 8 | 8 |
| 5 | 16 | 12 | 11 | 11 | 11 | 10 | 10 | 10 | 10 | 10 | 10 |
| 6 | 19 | 14 | 13 | 13 | 13 | 13 | 13 | 12 | 12 | 12 | 12 |
| 7 | 22 | 16 | 15 | 15 | 15 | 15 | 15 | 15 | 14 | 14 | 14 |
| 8 | 25 | 19 | 18 | 17 | 17 | 17 | 17 | 17 | 17 | 16 | 16 |
| 9 | 28 | 21 | 20 | 19 | 19 | 19 | 19 | 19 | 19 | 19 | 18 |
| 10 | 31 | 23 | 22 | 21 | 21 | 21 | 21 | 21 | 21 | 21 | 21 |
| 12 | 38 | 28 | 26 | 26 | 25 | 25 | 25 | 25 | 25 | 25 | 25 |
| 14 | 44 | 33 | 31 | 30 | 30 | 29 | 29 | 29 | 29 | 29 | 29 |
| 16 | 50 | 37 | 35 | 34 | 34 | 34 | 33 | 33 | 33 | 33 | 33 |
| 18 | 57 | 42 | 40 | 39 | 38 | 38 | 38 | 37 | 37 | 37 | 37 |
| 20 | 63 | 47 | 44 | 43 | 42 | 42 | 42 | 41 | 41 | 41 | 41 |
| 25 | 79 | 58 | 55 | 54 | 53 | 52 | 52 | 52 | 52 | 51 | 51 |
| 30 | 94 | 70 | 66 | 64 | 64 | 63 | 63 | 62 | 62 | 62 | 62 |
| 35 | 110 | 82 | 77 | 75 | 74 | 73 | 73 | 72 | 72 | 72 | 72 |
| 40 | 126 | 93 | 88 | 86 | 85 | 84 | 83 | 83 | 83 | 82 | 82 |
| 45 | 141 | 105 | 99 | 97 | 95 | 94 | 94 | 93 | 93 | 93 | 92 |
| 50 | 157 | 117 | 110 | 107 | 106 | 105 | 104 | 104 | 103 | 103 | 103 |
| 55 | 173 | 129 | 121 | 118 | 116 | 115 | 115 | 114 | 114 | 113 | 113 |
| 60 | 188 | 140 | 132 | 129 | 127 | 126 | 125 | 124 | 124 | 123 | 123 |
| 65 | 204 | 152 | 143 | 140 | 138 | 136 | 135 | 135 | 134 | 134 | 133 |
| 70 | 220 | 164 | 154 | 150 | 148 | 147 | 146 | 145 | 145 | 144 | 144 |
| 75 | 236 | 175 | 165 | 161 | 159 | 157 | 156 | 155 | 155 | 154 | 154 |
| 80 | 251 | 187 | 176 | 172 | 169 | 168 | 167 | 166 | 165 | 165 | 164 |
| 85 | 267 | 199 | 187 | 183 | 180 | 178 | 177 | 176 | 175 | 175 | 174 |
| 90 | 283 | 210 | 198 | 193 | 191 | 189 | 188 | 187 | 186 | 185 | 185 |
| 95 | 298 | 222 | 209 | 204 | 201 | 199 | 198 | 197 | 196 | 195 | 195 |
| 100 | 314 | 234 | 220 | 215 | 212 | 210 | 208 | 207 | 206 | 206 | 205 |
| | 0 | 1,4 | 2,8 | 4,2 | 5,6 | 6,9 | 8,3 | 9,7 | 11,1 | 12,5 | 13,9 |

### Vitesse résultante du vent (m/s)

Pour plus d'exactitude, utilisez la somme de la $V_p$ à la tête et à l'arrière du feu pour obtenir $V_{p.éq}$

# Tableau 13.
# Vitesse de propagation sur les flancs du feu (m/min)

| $V_{p\,tot}$ | Vitesse résultante du vent (km/h) | | | | | | | | | | |
|---|---|---|---|---|---|---|---|---|---|---|---|
| | 0 | 5 | 10 | 15 | 20 | 25 | 30 | 35 | 40 | 45 | 50 |
| 0,2 | 0,1 | 0,1 | 0,1 | 0,1 | 0,0 | 0,0 | 0,0 | 0,0 | 0,0 | 0,0 | 0,0 |
| 0,4 | 0,2 | 0,2 | 0,1 | 0,1 | 0,1 | 0,1 | 0,1 | 0,0 | 0,0 | 0,0 | 0,0 |
| 0,6 | 0,3 | 0,3 | 0,2 | 0,2 | 0,1 | 0,1 | 0,1 | 0,1 | 0,1 | 0,1 | 0,0 |
| 0,8 | 0,4 | 0,4 | 0,3 | 0,2 | 0,2 | 0,1 | 0,1 | 0,1 | 0,1 | 0,1 | 0,1 |
| 1 | 1 | 0,5 | 0,3 | 0,3 | 0,2 | 0,2 | 0,1 | 0,1 | 0,1 | 0,1 | 0,1 |
| 2 | 1 | 1 | 1 | 1 | 0,4 | 0,3 | 0,3 | 0,2 | 0,2 | 0,2 | 0,2 |
| 3 | 2 | 1 | 1 | 1 | 1 | 0,5 | 0,4 | 0,3 | 0,3 | 0,3 | 0,3 |
| 4 | 2 | 2 | 1 | 1 | 1 | 1 | 1 | 0,5 | 0,4 | 0,4 | 0,3 |
| 5 | 3 | 2 | 2 | 1 | 1 | 1 | 1 | 1 | 1 | 0,4 | 0,4 |
| 6 | 3 | 3 | 2 | 2 | 1 | 1 | 1 | 1 | 1 | 1 | 0,5 |
| 7 | 4 | 3 | 2 | 2 | 2 | 1 | 1 | 1 | 1 | 1 | 1 |
| 8 | 4 | 4 | 3 | 2 | 2 | 1 | 1 | 1 | 1 | 1 | 1 |
| 9 | 5 | 4 | 3 | 2 | 2 | 1 | 1 | 1 | 1 | 1 | 1 |
| 10 | 5 | 5 | 3 | 3 | 2 | 2 | 1 | 1 | 1 | 1 | 1 |
| 12 | 6 | 5 | 4 | 3 | 2 | 2 | 2 | 1 | 1 | 1 | 1 |
| 14 | 7 | 6 | 5 | 4 | 3 | 2 | 2 | 2 | 1 | 1 | 1 |
| 16 | 8 | 7 | 5 | 4 | 3 | 2 | 2 | 2 | 2 | 1 | 1 |
| 18 | 9 | 8 | 6 | 5 | 3 | 3 | 2 | 2 | 2 | 2 | 1 |
| 20 | 10 | 9 | 7 | 5 | 4 | 3 | 3 | 2 | 2 | 2 | 2 |
| 25 | 13 | 11 | 8 | 6 | 5 | 4 | 3 | 3 | 3 | 2 | 2 |
| 30 | 15 | 14 | 10 | 8 | 6 | 5 | 4 | 3 | 3 | 3 | 2 |
| 35 | 18 | 16 | 12 | 9 | 7 | 5 | 5 | 4 | 4 | 3 | 3 |
| 40 | 20 | 18 | 13 | 10 | 8 | 6 | 5 | 5 | 4 | 4 | 3 |
| 45 | 23 | 20 | 15 | 11 | 9 | 7 | 6 | 5 | 5 | 4 | 4 |
| 50 | 25 | 23 | 17 | 13 | 10 | 8 | 7 | 6 | 5 | 4 | 4 |
| 55 | 28 | 25 | 18 | 14 | 11 | 8 | 7 | 6 | 6 | 5 | 4 |
| 60 | 30 | 27 | 20 | 15 | 12 | 9 | 8 | 7 | 6 | 5 | 5 |
| 65 | 33 | 30 | 22 | 16 | 13 | 10 | 9 | 7 | 7 | 6 | 5 |
| 70 | 35 | 32 | 23 | 18 | 13 | 11 | 9 | 8 | 7 | 6 | 6 |
| 75 | 38 | 34 | 25 | 19 | 14 | 11 | 10 | 9 | 8 | 7 | 6 |
| 80 | 40 | 36 | 27 | 20 | 15 | 12 | 11 | 9 | 8 | 7 | 7 |
| 85 | 43 | 39 | 28 | 21 | 16 | 13 | 11 | 10 | 9 | 8 | 7 |
| 90 | 45 | 41 | 30 | 23 | 17 | 14 | 12 | 10 | 9 | 8 | 7 |
| 95 | 48 | 43 | 32 | 24 | 18 | 14 | 12 | 11 | 10 | 8 | 8 |
| 100 | 50 | 45 | 34 | 25 | 19 | 15 | 13 | 11 | 10 | 9 | 8 |
| L/I | 1,0 | 1,1 | 1,5 | 2 | 2,6 | 3,2 | 3,8 | 4,5 | 5 | 5,6 | 6,1 |

$V_{p\,tot}$ : Utilisez la somme de $V_p$ à la tête et à l'arrière du feu. Types de combustibles 0-1 : utilisez L/I provenant de la Table 11.2 (et non la vitesse résultante du vent). Tous les autres types de combustibles : utilisez la vitesse résultante du vent ou L/I provenant de la Table 11.1.

# Références

Alexander, M.E. 1982. Calculating and interpreting forest fire intensities. [Mesure et interprétation de l'intensité des incendies de forêt.] Can. J. Bot. 60(4): 349–357.

Alexander, M.E. 2010. Surface fire spread potential in trembling aspen during summer in the boreal forest region of Canada. [Potentiel de propagation des incendies de surface dans les peuplements de peuplier faux-tremble au cours de l'été dans la zone forestière boréale du Canada.] For. Chron. 86: 200–212.

Alexander, M.E.; DeGroot, W.J. 1998. Fire behavior in jack pine stands as related to the Canadian Forest Fire Weather Index (FWI) System. [Comportement des incendies dans les peuplements de pin gris selon la Méthode canadienne de l'indice forêt-météo (IFM).] Can. For. Serv., North. For. Cent., Edmonton, AB. Affiche (avec texte).

Alexander, M.E.; Lanoville, R.A. 1989. Predicting fire behavior in the black-spruce-lichen woodland fuel type of western and northern Canada. [Prévision du comportement des incendies dans la pessière noire à lichen – forêt ouverte de l'ouest et du nord du Canada.] For. Can., North. For. Cent., Edmonton, Alberta and Gov. Northwest Territ. Dep. Renewable Resour., Territ. For. Fire Cent., Fort Smith, N.W.T. Affiche (avec texte).

Alexander, M.E.; Lawson, B.D.; Stocks, B.J.; Van Wagner, C.E. 1984. User guide to the Canadian Forest Fire Behavior Prediction System: rate of spread relationships. [Guide de l'utilisateur de la Méthode canadienne de prévision du comportement des incendies de forêt : Liens avec les vitesses de propagation.] Interim ed. Environ. Can., Can. For. Serv., Fire Danger Group, Ottawa, ON.

Alexander, M.E.; Taylor, S.W.; Page, W.G. 2016. Wildland firefighter safety and fire behavior prediction on the fireline. [Sécurité des pompiers forestiers et prévision du comportement des incendies à partir de la ligne de feu.] Proc. 13th Int. Wildland Fire Safety Summit and 4th Human Dimensions of Wildland Fire Conference. 20–24 avril, 2015. Boise, ID. Int. Assoc. Wildland Fire, Missoula, MT.

Andrews, P.L.; Rothermel, R.C. 1982. Charts for interpreting wildland fire behavior characteristics. [Tableaux pour l'interprétation des caractéristiques du comportement des feux de végétation.] USDA, For. Serv., Intermt. Res. Stn., Ogden, UT. Res. Pap. INT-RP-131.

Beighley, M. 1995. Beyond the safety zone – creating a margin of safety. [Au-delà de la zone de sécurité – Créer une marge de sécurité.] Fire Manag. Note 55(4): 21–24.

Byram, G.M. 1959. Forest fire behavior. [Comportement des incendies de forêt.] Pages 90–123 dans K.P. Davis, ed. Forest fire: control and use. McGraw-Hill, New York.

[CFS] Canadian Forest Service. 1984. Tables for the Canadian Forest Fire Weather Index System. Environ. Can., Can. For. Serv., Ottawa, ON. For. Tech. Rep. 25. Cette publication est disponible en français sous le titre Tables de l'indice Forêt-Météo de la méthode canadienne (Rapport technique de foresterie 25F).

Catchpole, E.A.; Alexander, M.E.; Gill, A.M. 1992. Elliptical-fire perimeter and area-intensity distributions. [Périmètre et distribution aire-intensité des incendies à croissance elliptique.] Can. J. For. Res. 22:968–972.

Cheney, P.; Gould, J.; McCaw, L. 2001. The dead-man zone – neglected area of firefighter safety. [La zone mortelle – Aspect négligé de la sécurité des pompiers.] Aust. For. 64(1): 45–50.

Cole, F.V.; Alexander, M.E. 1995. Head fire intensity class graph for FBP System fuel type C-2 (Boreal Spruce). [Graphique sur les catégories d'intensité à la tête de feu de forêt dans le type de combustible C-2 (pessière boréale) de la méthode PCI.] Alaska Dep. Nat Resour., Div. For., Fairbanks, Alaska and Can. For. Serv., North. For. Cent., Edmonton, AB. Affiche (avec texte).

Cova, T.J.; Dennison, P.E.; Kim, T.H.; Moritz, M.A. 2005. Setting wildfire evacuation trigger points using fire spread modeling and GIS. [Établissement des points de déclenchement de la procédure d'évacuation lors des incendies de végétation au moyen de la modélisation de la propagation et du SIG.] Trans. GIS. 9: 603–617.

De Groot, W.J. 1993. Examples of fuel types in the Canadian Forest Fire Behavior Prediction (FBP) System. For. Can., Northwest Reg., North.

For. Cent., Edmonton, AB. Affiche (avec texte). Cette publication est disponible en français sous le titre Exemples de combustibles de la méthode canadienne de prévision du comportement des incendies de forêt (PCI).

Forestry Canada Fire Danger Group. 1992. Development and structure of the Canadian Forest Fire Behavior Prediction System. For. Can., Ottawa, ON. Inf. Rep. ST-X-3. Cette publication est disponible en français sous le titre Élaboration et structure de la Méthode canadienne de prévision du comportement des incendies de forêt (Rapport d'information ST-X-3F).

Hirsch, K. G. 1996. Canadian Forest Fire Behavior Prediction (FBP) System: user's guide. Nat. Resour. Can., Can. For. Serv., Northwest Reg., North. For. Cent., Edmonton, AB. Spec. Rep. 7. Cette publication est disponible en français sous le titre Méthode canadienne de prévision du comportement des incendies de forêt (PCI): guide de l'utilisateur (Rapport spécial no 7).

Kidnie, S.M.; Wotton, B.M.; Droog, W.N. 2010. Field guide for predicting fire behavior in Ontario's tallgrass prairie. [Guide pratique pour la prévision du comportement des incendies dans la prairie à herbes hautes de l'Ontario.] Nat. Resour. Can., and Ont. Minist. Nat. Resour., Sault Ste. Marie, ON.

Lawson, B.D.; Armitage, O.B.; Hoskins, W.D. 1996. Diurnal variation in the Fire Fuel Moisture Code: tables and source code. [Variation diurne de l'indice du combustible léger : Tableaux et code source.] Can. For. Serv., Pac. For. Cent., Victoria, BC and B.C. Minist. For., Res. Branch, Victoria, BC. Canada-British Columbia Partnership Agreement on Forest Resource Development: FRDA II. FRDA Rep. 245.

Lawson, B.D.; Armitage, O.B. 2008. Weather guide for the Canadian Forest Fire Danger Rating System. [Guide météo pour la Méthode canadienne d'évaluation des dangers d'incendie de forêt.] Nat. Resour. Can., Can. For. Serv., North. For. Cent., Edmonton, AB.

List, R.J. 1951. Smithsonian meteorological tables. [Tableau météorologiques du Smithsonian.] 6th rev. ed. Smithsonian Inst. Press, Washington, DC.

Merrill, D.F.; Alexander, M.E., Eds. 1987. Glossary of forest fire management terms. [Glossaire des termes de la gestion des incendies de forêt.] 4th ed. Natl. Res. Counc. Can., Can. Comm. For. Fire Manag., Ottawa, ON. Publ. NRCC 265216.

Pearce, H.G.; Anderson, S.A.J. 2008. A manual for predicting fire behavior in New Zealand fuels. [Manuel pour la prévision du comportement des incendies dans les peuplements de combustibles de la Nouvelle-Zélande.] SCION, Rural Fire Res. Group, Christchurch, NZ.

Rothermel, R. C. 1991. Predicting behavior and size of crown fires in the Northern Rocky Mountains. [Prévision du comportement et de la taille des feux de cime dans les Rocheuses septentrionales.] U.S. Dep. Agric., For. Serv., Ogden, UT. Res. Pap. INT-438.

Tymstra, C.; Bryce, R.W.; Wotton, B.M.; Taylor S.W.; Armitage, O.B. 2010. Development and structure of Prometheus – the Canadian Wildland Fire Growth Model. [Élaboration et structure de Prometheus, le Modèle canadien de croissance des incendies de végétation.] Nat. Resour. Can., Can. For. Serv., North. For. Cent., Edmonton, AB. Inf. Rep. NOR-X-417.

Van Wagner, C. E. 1969. A simple fire-growth model. [Modèle simple de croissance des incendies.] For. Chron. 4: 103–104.

Wotton, B.M.; Alexander, M.E.; Taylor, S.W. 2009. Updates and revisions to the 1992 Canadian Forest Fire Behavior Prediction System. Nat. Resour. Can., Can. For. Serv., Gt. Lakes For. Cent., Sault Ste. Marie, ON. Inf. Rep. GLC-X-10. Cette publication est disponible en français sous le titre Mises à jour et révisions apportées à la Méthode canadienne de prévision du comportement des incendies de forêt de 1992. GLC-X-10F.

# Abréviations

| | |
|---|---|
| % C | Pourcentage de conifères |
| % F | Pourcentage de feuillus |
| % $S_{bm}$ | Pourcentage de sapins baumiers morts |
| CC | Feu de cimes continu |
| DV | Direction du vent (degrés) |
| ÉVV | Équivalent vitesse du vent de la pente (km/h) |
| FCC | Fraction consommée des cimes |
| HBC | Hauteur de la base de la cime |
| IC | Feu de cimes intermittent |
| ICD | Indice du combustible disponible |
| ICL | Indice du combustible léger |
| IH | Indice de l'humus |
| IPI | Indice de propagation initiale |
| $IPI_a$ | Indice de propagation initiale à l'arrière |
| IS | Indice de sécheresse |
| L/l | Rapport de la longueur (L) à la largeur (l) |
| S | Feu de surface |
| $V_p$ | Vitesse de propagation à la tête (m/min) |
| $V_{p.éq.}$ | $V_p$ à l'équilibre (m/min) |
| $V_{pa}$ | Vitesse de propagation à l'arrière (m/min) |
| VRV | Vitesse résultante du vent (km/h) |

# Annexe 2.
# Glossaire

**Angle des flammes**—Angle formé entre les flammes à la **tête du feu** et le sol, exprimé en degrés.

**Azimut de la pente**—Direction vers le haut de la pente, 180° à l'opposé l'exposition (si l'exposition ≤ 180°, l'azimut de la pente = l'exposition + 180° ; si l'exposition > 180°, l'azimut de la pente = l'exposition – 180°.

**Azimut de propagation**—Direction vers laquelle le feu se propage et est établie en combinant les azimuts du vent et de la pente.

**Azimut du vent**—Direction vers laquelle le vent souffle, qui est 180° à l'opposé de la direction du vent (direction d'où provient le vent). Si la direction du vent est de ≤ 180° alors l'azimut du vent = direction du vent + 180°; et si la direction du vent est de > 180° alors l'azimut du vent est de – 180°.

**Catégorie d'incendie**—Voir fraction consumée de cimes.

**Colonne de convection**—Panache bien défini de gaz chauds, de fumée, de tisons ou d'autres sous-produits de la combustion qui s'élèvent d'un feu.

**Combustible de surface**—Toutes les matières combustibles reposant au-dessus de la couche d'humus, entre le sol et les combustibles étagés, qui sont responsables de la propagation des feux de surface (p. ex., litière, végétation herbacée, arbustes de taille basse et moyenne, semis d'arbres, souches, bois ronds morts au sol).

**Combustible étagé**—Combustibles (grands arbustes, petits arbres, morceaux d'écorce et lichens arboricoles) qui assurent une continuité verticale entre les combustibles de surface et les cimes dans un peuplement forestier, facilitant les flambées en chandelle et les feux de cimes.

**Composition d'un peuplement**—Proportion de chacune des essences principales d'un peuplement, exprimée en pourcentage de la biomasse de leur cime sur le total, tel que considéré pour la gestion des feux de forêt.

**Conscience situationnelle**—Perception des conditions environnementales ayant trait au temps ou à l'espace, la compréhension de leur signification et la prévision des conditions changeantes au fil du temps ou dans l'espace. La conscience situationnelle comprend les deux premières étapes du cycle observer-orienter-décider-agir.

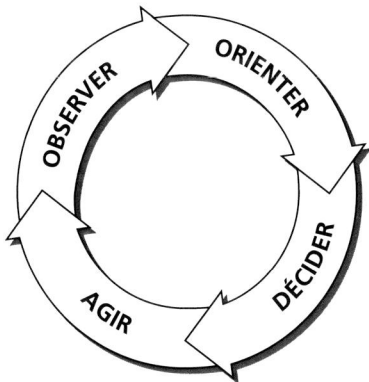

**Couche organique**—Matière organique accumulée qui est partiellement ou entièrement décomposée à la surface du sol. Elle correspond aux couches de fermentation (F) et d'humus (H) dans les forêts ou à la couche de tourbe (T) dans les terres humides.

**Courrant jet à basse altitude**—Type particulier de régime de vent dans l'atmosphère, qui est évident dans le profil vertical du vent, comportant une zone où la vitesse du vent augmente près de la surface de la terre et une zone de vélocité décroissante au-dessus d'un point de vitesse maximale du vent. Les valeurs de travail pour l'altitude du « point du courant jet » et la vitesse maximale du vent sont d'environ 500 mètres (m) et 30+ kilomètres par heure (km/h), respectivement. Les courrants jets à basse altitude peuvent avoir une incidence sur la colonne de convection de grands feux, augmentant la circulation convective et l'intensité du feu, ou peuvent se mélanger aux vents en surface et en augmenter la vitesse au cours de l'après-midi.

**Degré de fanage**—Proportion de matières fanées ou mortes dans un complexe combustible d'herbes.

**Exposition**—Direction vers laquelle une pente fait face (voir azimut de la pente).

**Équivalent vitesse du vent de la pente (ÉVV)** —Approche utilisée dans la méthode PCI où l'on donne une valeur en unités de vitesse du vent à l'effet de pente sur la propagation du feu lorsque le vent est nul.

**Fraction consumée des cimes (FCC)**—Proportion de cimes d'arbres touchées par l'incendie sur une superficie donnée. La méthode PCI a recours aux catégories descriptives suivantes :

| FCC | Catégorie d'incendie |
|---|---|
| < 10 % | feu de surface |
| 10–89 % | feu de cimes intermittent |
| ≥ 90 % | feu de cimes continu |

**Hauteur de flamme**—Moyenne de l'extension verticale maximale des flammes à la tête **d'un feu**; ne tient pas compte des flambées occasionnelles au-dessus du niveau général.

**Hauteur de la base de la cime (HBC)**—Hauteur, au dessus du sol, du début de la portion vivante de la cimes des conifères. Cette valeur est constante pour chaque type de combustible de la méthode PCI à l'exception du C-6.

**Humidité foliaire**—Teneur en humidité (pourcentage du poids) d'aiguilles vivantes de conifères âgées d'au moins un an.

**Humidité relative (HR)**—Rapport exprimé en pourcentage de la quantité de vapeur d'eau ou d'humidité par rapport à la quantité maximale d'humidité que l'air pourrait contenir à la même température du thermomètre sec et pression atmosphérique (l'HR peut varier de 0 à 100 %).

**Indice de l'humus (IH)**—Cote numérique de la teneur moyenne en humidité des couches organiques légèrement tassées de profondeur moyenne; indique la consumation de combustible dans les couches d'humus moyennes et les matières ligneuses de taille moyenne.

**Indice de propagation initiale (IPI)**—Cote numérique de la vitesse prévue de propagation du feu. Il combine les effets du vent et de l'indice du combustible léger sur la vitesse de propagation, mais exclut l'influence de quantités variables de combustible. L'IPI peut avoir différentes valeurs dans la méthode de l'IFM et la méthode PCI. Dans cette dernière, l'effet de la pente est pris en compte en tant qu'équivalent vitesse du vent de la pente, qui est ajouté par addition vectorielle à la vitesse du vent pour obtenir la vitesse résultante du vent, laquelle est ensuite utilisée pour obtenir l'IPI.

**Indice de sécheresse (IS)**—Cote numérique de la teneur en humidité moyenne des épaisses couches organiques compactes; il indique les effets saisonniers des sécheresses sur les combustibles forestiers et le degré de persistance des feux couvants dans les épaisses couches organiques et les grosses billes.

**Indice du combustible disponible (ICD)**—Cote numérique de la quantité totale de combustible disponible combinant l'indice de l'humus (IH) et l'indice de sécheresse (IS).

**Indice du combustible léger (ICL)**—Cote numérique de la teneur en humidité de la litière et autres combustibles légers fanés qui indique la facilité relative d'allumage et l'inflammabilité du combustible léger. **L'ICL journalier** normal est calculé à partir d'observations météorologiques à midi, mais représente **l'humidité** du combustible léger à 16 h, HNL. **L'ICL diurne** est une estimation de l'ICL à une heure particulière, reposant sur la variation quotidienne type de la température et de l'humidité relative en l'absence de pluie. **L'ICL horaire** est calculé à partir d'observations météorologiques réelles effectuées à toutes les heures. Le comportement du feu varie avec le cycle diurne de l'humidité du combustible et de la vitesse du vent. La teneur en humidité du combustible léger est habituellement à son maximum juste avant l'aube et atteint son minimum à la fin de l'après-midi; la tendance est inverse pour l'ICL. L'ICL est à son maximum plus tard dans la journée à de hautes latitudes en été; cela se reflète dans l'ICL horaire mais non diurne. L'ICL, au cours d'une même journée, pourrait aussi varier selon la pente et l'exposition, atteignant sa valeur maximale plus tôt sur les pentes orientées vers l'est et plus tard sur les pentes orientées vers l'ouest, en particulier pour les combustibles de type ouvert; toutefois, à l'heure actuelle, cela n'est pris en compte ni dans l'ICL diurne ni dans l'ICL horaire.

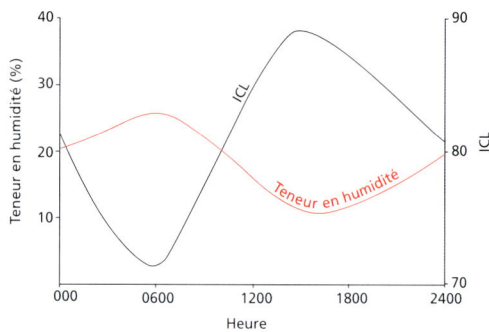

**Intensité du feu**—Quantité d'énergie thermique déployée par unité de temps par unité de longueur d'un front de flammes. L'intensité du feu à la tête est un important facteur déterminant certains effets du feu et la difficulté de le contrôler. Numériquement, elle correspond au produit de la chaleur de combustion nette avec la quantité de combustibles consommés au front en flammes et la vitesse de propagation linéaire.

**Inversion**—Condition atmosphérique où la température dans une couche verticale d'air augmente avec l'altitude, résultant en une atmosphère très stable jusqu'à ce que l'inversion se dissipe. Ceci est l'inverse de la situation habituelle où la température diminue avec l'altitude. Les inversions de température à la surface de la terre sont courantes tôt le matin au cours de la saison des feux et atténuent le comportement du feu.

**Largeur de la bande enflammée**—Largeur de la zone de flammes continues se trouvant derrière le **front d'un feu**.

**Longueur de flamme**—Longueur des flammes mesurée le long de leur axe au **front de feu**; distance entre le **haut d'une flamme** et le milieu de la **bande enflammée** à la surface du sol; la **longueur de flamme** est un indicateur approximatif de l'**intensité du feu au front**. Ci-dessous : coupe transversale du front de flamme illustrant la longueur de flamme (LF), la hauteur de flamme (HF), l'angle de flamme (AF) et la largeur de la bande enflammée (LBE).

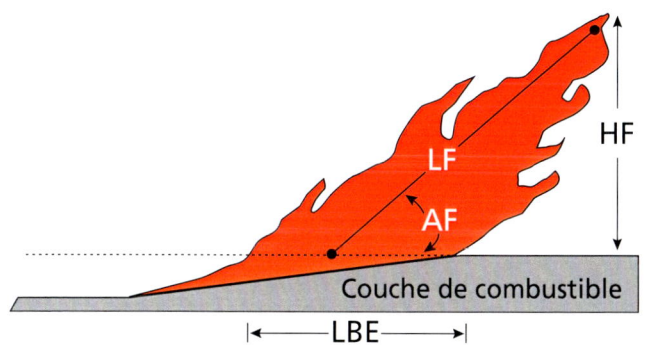

**Marge de sécurité (MS)**—Temps supplémentaire en plus du temps requis par les pompiers pour se rendre à une zone de sécurité avant que le feu ne les atteigne :

marge de sécurité = temps d'arrivée du feu—temps d'évacuation

où le temps d'évacuation est la distance à parcourir le long de la voie d'évacuation jusqu'à la zone de sécurité divisée par la vitesse de déplacement des pompiers, et le temps d'arrivée du feu est la distance entre le feu et la zone de sécurité divisée par la vitesse de propagation dans cette direction.

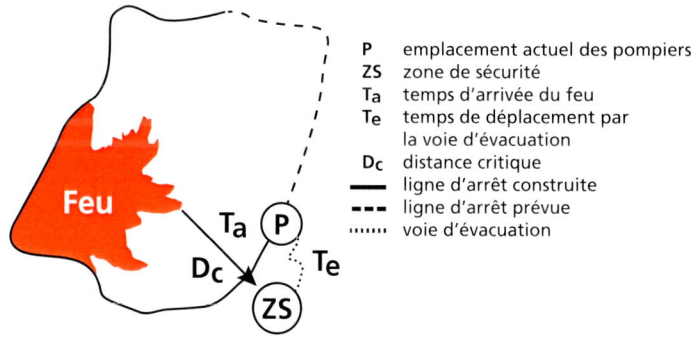

| | |
|---|---|
| P | emplacement actuel des pompiers |
| ZS | zone de sécurité |
| $T_a$ | temps d'arrivée du feu |
| $T_e$ | temps de déplacement par la voie d'évacuation |
| $D_c$ | distance critique |
| —— | ligne d'arrêt construite |
| --- | ligne d'arrêt prévue |
| ······ | voie d'évacuation |

Si la marge de sécurité et le temps d'évacuation sont préétablis, la distance critique lorsque la marge de sécurité sera atteinte peut être estimée comme suit :

distance critique = vitesse de propagation X
(temps d'évacuation + marge de sécurité)

Un principe similaire est utilisé pour établir les points critiques d'évacuation. Ces procédures devraient être utilisées avec prudence puisqu'il est difficile d'estimer avec exactitude ou de prévoir bon nombre des valeurs sur le terrain.

Exemple : Présumons un front de feu à une distance de 300 m se propageant dans un combustible de type C-2 avec un IPI de 8 et un ICD de 80. La $V_p$ est de 10 m/min et le temps d'évacuation, de 24 min.

Marge de sécurité = 30 min – 24 min = + 6 min. Les pompiers seront dans la zone de sécurité pendant 6 minutes avant que le feu n'atteigne cette zone.

Distance critique = 10 m/min x (24 min + 6 min) = 300 m. La distance critique entre l'emplacement du feu et les pompiers est de 300 m pour les conditions de l'exemple.

**Modèle de croissance elliptique du feu**—Théorie : un feu originant d'un foyer ponctuel brûlant librement se propagera en forme d'ellipse lorsque les combustibles sont uniformes et continus, la topographie est homogène, la direction du vent est constante (sans que le vent ne soit nul), et le feu n'est pas touché par des activités de suppression.

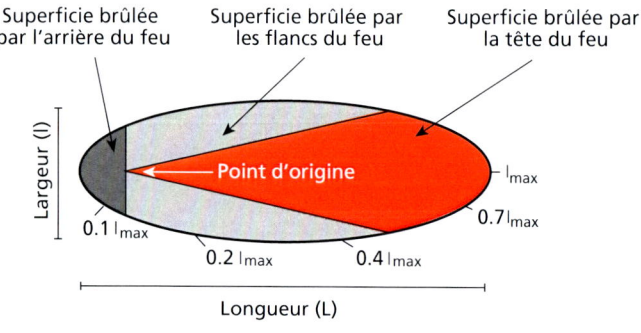

La longueur de l'ellipse correspond à la somme de la distance de propagation à la tête du feu et de la distance de propagation à l'arrière. La forme du feu, ou le rapport de la longueur à la largeur (L/l), est déterminée par la vitesse du vent, et devient plus étroite à mesure que la vitesse résultante du vent augmente. La superficie et la longueur du périmètre du feu sont calculées à partir de la distance totale de propagation et du ratio L/l. Le vitesse de propagation du feu, son intensité et la hauteur des flammes sont à leur maximum à la tête ($I_{max}$) et diminuent autour du périmètre pour être à leur minimum à l'arrière.

**Parterre forestier**—Couche de surface de combustible y compris la litière d'aiguilles, de feuilles et d'herbes mortes, le lichen et la mousse.

**Périmètre du feu**—Longueur totale de la bordure ou limite externe du feu. Voir le modèle de croissance elliptique du feu.

**Rapport de la longueur à la largeur (L/l)**—Voir le modèle de croissance elliptique du feu.

**Structure du peuplement**—Distribution horizontale et verticale des composantes d'un peuplement forestier, comprenant les cimes et les troncs d'arbres, les arbustes et les herbacées en sous-étages, les chicots et les débris ligneux au sol.

**Vitesse de propagation ($V_p$)**—Vitesse à laquelle un feu se propage horizontalement, exprimée en distance par unité de temps. Elle est habituellement considérée en terme de mouvement vers l'avant, à savoir la vitesse de propagation à la tête de l'incendie, mais elle peut également s'appliquer à la vitesse de propagation à l'arrière ou sur les flancs du feu. En règle générale, la vitesse de propagation sur les flancs (à mi chemin entre la tête et l'arrière du feu) est d'approximativement la moitié de la vitesse de propagation à la tête du feu.

**Vitesse résultante du vent (VRV)**—Somme des vecteurs de la vitesse du vent à découvert à 10 m et de l'equivalent vitesse du vent de la pente.

# Annexe 3.
# Facteurs de conversion d'unités données

| Si les unités SI sont | multipliez par | pour obtenir | Facteur inverse |
|---|---|---|---|
| Hectare (ha) | 2,4711 | Acre (ac) | 0,40469 |
| Kilomètre par heure (km/h) | 0,62137 | Mille par heure (mi/h) | 1,6093 |
| Kilomètre par heure (km/h) | 0,2778 | Mètre par seconde (m/s) | 3,6 |
| Kilowatt par mètre (kW/m) | 0,28909 | Btu par seconde par pied (Btu/s/pi) | 3,4592 |
| Mètre (m) | 0,049709 | Chaîne (ch) | 20,117 |
| Mètre (m) | 3,2808 | Pied (pi) | 0,3048 |
| Mètre par minute (m/min) | 3,2808 | Pied par minute (pi/min) | 0,3048 |
| Mètre par minute (m/min) | 2,9826 | Chaîne par heure (ch/h) | 0,33528 |
| Mètre par minute (m/min) | 60,0 | Mètre par heure (m/h) | 0,016667 |
| Mètre par minute (m/min) | 0,06 | Kilomètre par heure (km/h) | 16,667 |
| Tonne par hectare (t/ha) | 0,44609 | Tonne par acre (T/ac) | 2,2417 |

Remarque : Tous les facteurs de conversion ont cinq nombres significatifs. Si un nombre inférieur de nombres est donné, la valeur est exacte. Pour convertir des unités impériales ou d'anciennes unités métriques au système international d'unité (SI), multipliez par le facteur inverse donné dans la colonne de droite. Un « Btu » correspond à un British Thermal Unit.

# Annexe 4.
# Photographies des types de combustibles de la méthode PCI

## C-1 Pessière à lichens

Peuplements d'épinettes noires ouverts, avec lichens en sous-étage en hautes terres bien drainées.

| | |
|---|---|
| Cime | Peuplements d'épinettes noires ouverts, sous forme d'arbres largement espacés et de bouquets denses. |
| | Petites quantités de pins gris et de bouleaux à papier dans l'étage dominant. |
| | Hauteurs des arbres variables, mais branches vivantes et mortes s'étendant jusqu'au parterre forestier. |
| | Le marcottage est répandu. |
| Surface | Accumulation très faible et dispersée de combustibles ligneux à la surface. |
| | Couverture arbustive très clairsemée. |
| Parterre forestier | Surface du sol complètement exposée au soleil. |
| | Couvert par un enchevêtrement presque continu de cladonies arbuscule, d'une épaisseur moyenne au-dessus du sol minéral de 3 à 4 cm. |

## C-2 Pessière boréale

Peuplements d'épinettes noires, blanches ou d'Engelman occupant les hautes et les basses terres, à l'exclusion des tourbières à sphaignes.

| | |
|---|---|
| Cime | Peuplements purs bien boisés et modérément denses d'épinettes noires, habituellement avec un écaillement de l'écorce au bas du tronc. |
| | Cimes des arbres touchant le sol ou près du sol. |
| | Branches mortes enveloppées de lichens barbus (usnées). |
| Surface | Petits arbustes présents, souvent du thé du Labrador. |
| | Volumes faibles à modérés de matières ligneuses au sol. |
| Parterre forestier | Tapis quasi continu mousse ou de lichens (p. ex., cladonie). |
| | De petites quantités de sphaignes peuvent être présentes, mais elles n'ont pas d'incidence sur la propagation du feu. |
| | Profondeur de la couche organique compacte souvent supérieure à 20–30 cm. |

## C-3 Pins gris ou pins tordus à maturité

Peuplements complètement boisés de pins gris ou de pins tordus à maturité.

| | |
|---|---|
| Cime | Peuplements purs complètement boisés (1 000 à 2 000 tiges/ha : espace entre les arbres d'environ 2 à 3 m) de pins gris ou de pins tordus. |
| | Fermeture complète du couvert. |
| | Base des cimes vivantes bien au-dessus du sol. |
| Surface | Sous-étage clairsemé de conifères parfois présent. |
| | Combustibles de surface morts légers et dispersés. |
| Parterre forestier | Mousses sur une couche organique compacte, modérément profonde (10 cm). |

## C-4 Jeunes pins gris ou pins tordus

Peuplements densément boisés de jeunes pins gris ou pins tordus avec couches de combustibles quasi continues horizontalement et verticalement.

| | |
|---|---|
| Cime | Peuplements purs et denses de pins gris ou de pins tordus  (10 000 à 30 000 tiges/ha; espace entre les arbres de ≤ 1 m). |
| | Grande quantité de tiges mortes debout (de l'éclaircie naturelle). |
| Surface | Grande quantité de combustibles ligneux morts au sol. |
| | Litière d'aiguilles au sol et aiguilles en suspension dans une strate arbustive basse (*Vaccinium* sp.). |
| | Charge de combustibles en surface supérieure à celle observée pour le type C-3. |
| Parterre forestier | Couches organiques moins profondes (< 10 cm) et moins compactes que pour C-3. |

## C-5 Pins rouges et pins blancs

Peuplement de pins rouges et de pins blancs à maturité. Ce type de combustible englobe les grands peuplements matures à couvert fermé de douglas taxifoliés et de thuyas géants/pruches de l'Ouest.

| | |
|---|---|
| Cime | Peuplements de pins rouges et de pins blancs à maturité. |
| | Petite quantité d'épinettes blanches et de bouleaux à papier ou de peupliers faux-trembles âgés. |
| | Sous-étage de densité moyenne habituellement constitué d'érables rouges ou de sapins baumiers. |
| Surface | Strate arbustive, habituellement de noisetiers à long bec, en proportions modérées. |
| | Couverture du sol composée d'herbes et d'une litière d'aiguilles de pin. |
| Parterre forestier | Couche organique ayant généralement une profondeur de 5–10 cm. |

## C-6 Plantation de conifères

Plantations de pins rouges. Ce type de combustibles englobe les plantations pures de conifères à couvert fermé, sans sous-étage arbustif.

Cime   Plantations pures de conifères complètement boisées à couvert fermé.

     Relations entre la vitesse de propagation et les feux de cimes sont fonction de la hauteur de la base de la cime.

Surface   Aucun sous-étage ni strate arbustive.

     Le parterre forestier est recouvert d'une litière d'aiguilles.

Parterre  Couche d'humus atteignant jusqu'à 10 cm de
forestier  profondeur.

## C-7 Pins ponderosas et douglas taxifoliés

Peuplements mixtes de pins ponderosas et de douglas taxifoliés de différents âges.

| | |
|---|---|
| Cime | Peuplements de pins ponderosas et de douglas taxifoliés de différents âges. |
| | Mélèzes occidentaux et pins tordus peuvent occuper une proportion considérable du peuplements. |
| | Peuplements ouverts, parsemés de bouquets de douglas taxifoliés ou de mélèzes d'âges divers, formant un sous-étage discontinu. |
| | Fermeture du couvert inferieure à 50 % dans l'ensemble, même si des bouquets d'arbres forment un couvert souvent fermé et dense. |
| Surface | Accumulation légère et dispersée de combustibles ligneux en surface. |
| | Sol forestier dominé par des herbes, des graminées vivaces et des arbustes dispersés. |
| | Litière d'aiguilles dans les bouquets d'arbres. |
| Parterre forestier | Humus de faible épaisseur (< 3 cm) dans les bouquets et absent dans les ouvertures. |

## D-1 Peupliers faux-trembles sans feuilles

Peuplements purs de peupliers faux-trembles semi-matures sans feuilles.

| | |
|---|---|
| Cime | Peuplements purs de peupliers faux-trembles semi-matures avant le débourrement printanier ou après la chute des feuilles et le fanage de la végétation du sous-étage à l'automne. |
| | Absence de sous-étage de conifères. |
| Surface | Strate bien développée d'arbustes de hauteur moyenne à élevée habituellement présente. |
| | Accumulation légère de combustibles ligneux en surface. Propagation du feu principalement dans la litière de feuilles décidues et d'herbes fanées, qui sont directement exposées au vent et au soleil. |
| Parterre forestier | Faible contribution de l'humus (horizons F et H) aux combustibles disponibles en raison de sa forte teneur en humidité au printemps. |

# D-2 Peupliers faux-trembles avec feuilles

Peuplements purs de peupliers faux-trembles semi-matures avec feuilles.

| | |
|---|---|
| Cime | Peuplements purs de peupliers faux-trembles semi-matures après le débourrement des bourgeons au printemps et à l'été. |
| | Absence de sous-étage de conifères. |
| Surface | Strate bien développée d'arbustes de hauteur moyenne à élevée habituellement présente. |
| | Accumulation légère de combustibles ligneux en surface. |
| | Propagation du feu principalement dans la litière de feuilles décidues. |
| Parterre forestier | Profondeur de l'humus (horizons F et H) pouvant atteindre jusqu'à 5 cm. |

## M-1 Forêt boréale mixte sans feuilles

Peuplements mixtes de conifères et de feuillus boréaux sur des hautes terres au stade sans feuilles. La photographie montre un peuplement composé d'approximativement 75 % de conifères et de 25 % de feuillus.

| | |
|---|---|
| Cime | Peuplements mixtes de diverses proportions incluant : |
| | Conifères – épinette noire, épinette blanche, sapin baumier, sapin subalpin. |
| | Feuillus – peuplier faux-tremble et bouleau à papier. |
| | Des espèces particulières peuvent être absentes sur certains sites. |
| | Structure du peuplement (hauteur et superficie) variable; cimes des conifères touchant le sol ou près du sol. |
| | Vitesse de propagation pondérée selon la proportion de conifères et de feuillus. |
| | Stage sans feuilles M-1 au printemps et à l'automne. |
| Surface | Mousses, aiguilles de conifères et feuilles décidues. |
| Parterre forestier | Couche organique modérément compacte, jusqu'à 8 à 10 cm de profondeur. |

## M-2 Forêt boréale mixte avec feuilles

Peuplements mixtes de conifères et de feuillus boréaux au stade avec feuilles. La photographie montre un peuplement composé d'approximativement 75 % de conifères et de 25 % de feuillus.

| | |
|---|---|
| Cime | Peuplements mixtes de diverses proportions incluant : |
| | Conifères – épinette noire, épinette blanche, sapin baumier, sapin subalpin. |
| | Feuillus – peuplier faux-tremble et bouleau à papier. |
| | Des espèces particulières peuvent être absentes sur certains sites. |
| | Structure du peuplement (hauteur et superficie) variable; cimes des conifères touchant le sol ou près du sol. |
| | Vitesse de propagation pondérée selon la proportion de conifères et de feuillus. |
| | Stage avec feuilles M-2 en été. |
| Surface | Arbustes moyens et couches continues d'herbe. |
| | Quantité faible à modérée de combustibles ligneux morts au sol; sous-étage éparpillé à modéré de conifères. |
| Parterre forestier | Couche organique modérément compacte, atteignant 8–10 cm de profondeur. |

## M-3 Sapins baumiers morts/peuplements mixtes – sans feuilles

Peuplements mixtes composés de sapins baumiers et d'espèces mixtes boréales au stade sans feuilles. La photographie montre un peuplement composé d'approximativement 60 % de sapins baumiers morts et de 40 % d'espèces mixtes vivantes. Signalons que le pourcentage de sapins morts est le pourcentage du peuplement composé de sapins morts, et non le pourcentage de sapins qui sont morts.

Cime
Peuplements mixtes d'épinettes, de pins, de bouleaux et de sapins baumiers dont un grand nombre de ces derniers ont été ravagés par la tordeuse des bourgeons de l'épinette dans le sous-étage.

Écaillage de l'écorce, bris des cimes, déracinement par le vent et pousse de lichens arboricoles culminant 5 à 8 ans après la mort des arbres.

Stage sans feuilles M-3 au printemps et à l'automne. Après la mort des arbres, les feux de printemps sont très ardents, se propageant de façon continue par les cimes et par la dissémination dans la direction du vent.

Surface
Volume de matières ligneuses au sol initialement faible, mais augmentant considérablement avec l'appauvrissement du peuplement après la mortalité des arbres.

Mousses, aiguilles de conifère et feuilles décidues.

Parterre forestier
Couche organique modérément compacte, atteignant 8–10 cm de profondeur.

## M-4 Sapins baumiers morts/peuplements mixtes – avec feuilles

Peuplements mixtes composés de sapins baumiers et d'espèces mixtes boréales au stade avec feuilles. La photographie montre un peuplement composé d'approximativement 60 % de sapins baumiers morts et de 40 % d'espèces mixtes vivantes. Signalons que le pourcentage de sapins morts est le pourcentage du peuplement composé de sapins morts, et non le pourcentage de sapins qui sont morts.

| | |
|---|---|
| Cime | Peuplements mixtes d'épinettes, de pins, de bouleaux et de sapins baumiers dont un grand nombre de ces derniers ont été ravagés par la tordeuse des bourgeons de épinette dans le sous-étage. |
| | Écaillage de l'écorce, bris des cimes, déracinement par le vent et pousse de lichens (mousse espagnole) culminant 5 à 8 ans après la mort des arbres. |
| | Stage avec feuilles M-4 à l'été. |
| Surface | Volume de matières ligneuses au sol initialement faible, mais augmentant considérablement avec l'appauvrissement du peuplement après la mortalité des arbres. |
| | Le feu en été sera d'abord gêné par la végétation verte luxuriante du sous-étage favorisée par l'ouverture du couvert; toutefois, il se propagera dans le complexe combustible s'il y a une accumulation suffisante de combustible de surface (habituellement après 4 à 5 ans). Comportement du feu plus vigoureux de 5 à 8 ans après la mortalité, puis diminution graduelle avec la décomposition des combustibles de surface et l'établissement d'une végétation du sous-étage. |
| | Mousses, aiguilles de conifère et feuilles décidues. |
| Parterre forestier | Couche organique modérément compacte, atteignant 8–10 cm de profondeur. |

# O-1 Herbes

Herbes aplaties et debout. La photographie montre des herbes sur pied bien fanées.

Surface            Couverture herbacée continue.

Arbres ou arbustes occasionnels qui ont peu d'incidence sur la vitesse de propagation du feu, mais qui pourraient accentuer la dissémination par le vent et percer le coupe-feu.

Herbes aplaties (0-1a) courantes au printemps après la fonte de la neige.

Herbes mortes sur pied courantes à la fin de l'été et au début de l'automne (O-1b).

La proportion de matières mortes ou fanées dans les herbages influe beaucoup sur la propagation du feu et elle doit être estimée avec soin.

Couche organique  Absente ou peu profonde.

# S-1 Rémanents de pins gris ou de pins tordus

Rémanents de pins gris ou de pins tordus, remontant à une ou deux saisons.

| | |
|---|---|
| Surface | Rémanents continus provenant d'une coupe à blanc dans des peuplements matures de pins gris ou de pins tordus. |
| | Rémanents remontant habituellement à une ou deux saisons et conservant jusqu'à la moitié des aiguilles, particulièrement sur les branches les plus près du sol. |
| | Aucun traitement après la coupe, et rémanents continus. |
| | Quantité et profondeur du combustible modérées en raison des cimes et des branches abandonnées sur place. |
| | Strate continue de mousse parsemée d'une litière discontinue d'aiguilles tombées. |
| Parterre forestier | Couches organiques modérément profondes et assez compactes. |

## S-2 Rémanents d'épinettes blanches et de sapins baumiers

Rémanents d'épinettes blanches ou d'Engelmann et de sapins baumiers des subalpins, remontant à une ou deux saisons.

Surface      Rémanents d'une coupe à blanc dans des peuplements matures et surâgés d'épinettes blanches et de sapins subalpins ou baumiers.

Rémanents remontant habituellement à une ou deux saisons, conservant de 10 à 50 % du feuillage sur les branches.

Aucun traitement après la coupe.

Continuité du combustible pouvant être interrompue par les sentiers des débusqueuses.

Quantité et profondeur du combustible modérées en raison des cimes et des branches abandonnées sur place.

Quantité considérable de gros morceaux de bois brisés et pourris.

Mousse avec litière d'aiguilles de rémanents.

Parterre      Couches organiques modérément profondes et
forestier     compactes.

# S-3 Rémanents de thuyas, de pruches et de douglas côtiers

Rémanents de thuyas géants, de pruches occidentales et de douglas taxifoliés de la saison précédente dans la région côtière de la Colombie-Britannique. Ce type de combustible englobe aussi les rémanents de thuyas et de pruches de la zone humide des régions intérieures et peut être utilisé pour les chablis en l'absence d'autre information.

Surface     Rémanents résultant d'une coupe à blanc de peuplements matures et surâgés de thuyas géants, de pruches occidentales et de douglas taxifoliés.

Habituellement, rémanents de la saison précédente ayant conservé son feuillage qui est désormais fanné.

Présence du feuillage des thuyas; les pruches et douglas taxifoliés ayant perdu jusqu'à 50 % de leurs aiguilles.

Combustibles de rémanents continus et non compactés, d'une profondeur de 0,5 à 2 m.

De très grandes charges de gros débris ligneux brisés et pourris pourraient être présentes.

Possibilité d'un sous-étage faible à moyen d'arbustes et d'herbes.

Mousse ou vieille litière d'aiguilles compacte et litière récente d'aiguilles tombées des rémanents.

Parterre forestier     Couches organiques modérément profondes et compactes.

# Annexe 5.

# Sommaire des caractéristiques des types de combustibles de la méthode PCI

| | Parterre forestier et couche organique | Combustibles de surface et étagés | Structure et composition des peuplements |
|---|---|---|---|
| C-1 | **Pessière à lichens** Tapis continu de cladonie arbuscule; couche organique absente ou peu profonde, non compactée. | Couverture très clairsemée d'herbes ou d'arbrisseaux ainsi que de combustibles ligneux au sol; cimes descendant jusqu'au sol. | Peuplements ouverts d'épinettes noires avec bouquets denses; espèces connexes : pin gris et bouleau à papier; hautes terres bien drainées. |
| C-2 | **Pessière boréale** Tapis continu de mousse ou de cladonie arbuscule; couche organique profonde et compacte. | Couverture continue d'arbustes (p. ex., thé du Labrador); quantité faible à modérée de combustibles ligneux au sol; cimes descendant quasi au sol; lichen arborescent, écorce écailleuse. | Peuplements bien boisés d'épinettes noires de densité relativement modérée en terres hautes et basses; tourbières à sphaignes exclues. |
| C-3 | **Pins gris ou pins tordus à maturité** Couverture continue de mousse; couche organique moyennement profonde et compacte. | Présence possible d'un sous-étage clairsemé de conifères; combustibles ligneux au sol clairsemés; cimes ne touchant pas le sol. | Peuplements entièrement boisés de pins gris ou de pins tordus à maturité. |
| C-4 | **Jeunes pins gris ou pins tordus** Litière continue d'aiguilles; couche organique modérément profonde. | Couverture arbustive et herbacée modérée; continuité verticale du combustible de cimes; grande quantité de combustibles ligneux morts, encore debout et au sol. | Jeunes peuplements denses de pins gris ou de pins tordus. |
| C-5 | **Pins rouges et pins blancs** Litière continue d'aiguilles; couche organique modérément profonde. | Couverture arbustive et herbacée modérée (p. ex., noisetiers); sous-étage modérément dense (p. ex., érable rouge, sapin baumier); cimes ne touchant pas le sol. | Peuplements de pins rouges et de pins blancs modérément boisés à maturité; espèces connexes : épinette blanche, bouleau à papier et peuplier faux-tremble. |

| | Parterre forestier et couche organique | Combustibles de surface et étagés | Structure et composition des peuplements |
|---|---|---|---|
| C-6 | **Plantation de conifères** Litière continue d'aiguilles; couche organique modérément profonde. | Absence d'une couverture arbustive et herbacée et d'un sous-étage; cimes ne touchant pas le sol. | Plantations entièrement boisées de conifères; fermeture complète du couvert peu importe la hauteur moyenne du peuplement; $V_p$ et embrasement des cimes en fonction de la hauteur moyenne de la base de la cime. |
| C-7 | **Pins ponderosas et douglas taxifoliés** Litière continue d'aiguilles; couche organique absente à peu profonde. | Couche discontinue de graminées et d'herbes sauf dans les bouquets de conifères, où elle est absente; faible quantité de combustibles ligneux morts au sol; cimes ne touchant pas le sol sauf dans les bouquets d'arbres. | Peuplements ouverts de pins ponderosas et de douglas taxifoliés; arbres à maturité de différents âges; espèces connexes : mélèze occidental et pin tordu; sous-étage de bouquets de conifères. |
| D-1/2 | **Peupliers faux-trembles** Litière continue de feuilles; couche organique peu profonde non compactée. | Strates modérées d'herbes et d'arbustes de hauteur moyenne à élevée; absence d'un sous-étage de conifères; combustibles ligneux morts épars au sol. | Peuplements de peupliers faux-trembles modérément boisés; à semi-maturité; sans feuilles (c.-à-d., printemps, automne ou après une maladie ou une épidémie d'insectes); ou avec feuilles en été après le débourrement. |
| M-1/2 | **Forêt boréale mixte** Litière continue de feuilles dans les aires occupées par des feuillus; litière discontinue de mousse et d'aiguilles dans les aires occupées par des conifères; couches organiques peu profondes, non compactes à modérément compactes. | Strate modérément continue d'arbustes et continue d'herbes; combustibles ligneux morts au sol en quantité faible à modérée; cimes descendant quasi au sol; sous-étage dispersé à modéré de conifères. | Peuplements mixtes modérément bien boisés de conifères boréaux (p. ex., épinette noire/blanche, sapin baumier/subalpin) et de feuillues (p. ex., peuplier faux-tremble, bouleau à papier); différents types de combustibles selon les saisons et le pourcentage de conifères/feuillus. |

| | Parterre forestier et couche organique | Combustibles de surface et étagés | Structure et composition des peuplements |
|---|---|---|---|
| **M-3/4** | **Sapins baumiers morts/ forêt mixte** Litière continue de feuilles dans les aires occupées par des feuillus; couche discontinue de mousse, de litière d'aiguilles et de feuilles décidues dans les aires mixtes des peuplements; couches organiques modérément compactes, de 8 à 10 cm. | Dense couvert continu d'herbes après le débourrement; petite quantité de combustibles ligneux au sol au début, mais accroissement de la quantité plusieurs années après la mort des sapins baumiers; combustibles étagés dominés par un sous-étage de sapins baumiers morts. | Peuplements mixtes modérément bien boisés composés d'épinette, de pin et de bouleau, ainsi que de sapin baumier mort, souvent en sous-étage; différents types de combustibles selon les saisons et le nombre d'années après la mort des sapins baumiers. |
| **O-1** | **Herbes** Couche organique absente à peu profonde et modérément compacte. | Strate continue de combustibles d'herbes; charge standard de 0,35 kg/m$^2$, mais une autre valeur est possible; il faut estimer le pourcentage d'herbes fanées ou mortes; litière continue d'herbes mortes; arbustes et combustibles ligneux au sol clairsemés ou épars; inclut des conditions pour les herbes aplaties au début du printemps et pour les herbes fanées à la fin de l'été. | Arbres épars, lorsque présents, n'influant pas de façon marquée la vitesse de propagation mais pouvant accentuer la dissémination par le vent et percer le coupe-feu. |
| **S-1** | **Rémanents de pins gris ou de pins tordus** Couverture continue de mousse; litière discontinue d'aiguilles; couche organique compacte de profondeur moyenne. | Couche continue de rémanents, ayant une charge et une profondeur modérées; grande rétention du feuillage; strate arbustive et herbacée absente à éparse. | Rémanents d'une coupe à blanc; peuplements à maturité de pins gris ou de pins tordus. |
| **S-2** | **Rémanents d'épinettes blanches et de sapins baumiers** Litière continue de mousse et d'aiguilles; couche organique modérément profonde et compacte. | Couche continue à discontinue de rémanents (en raison des sentiers de débusquage); rétention modérée du feuillage; charge et profondeur modérées; couverture arbustive et herbacée modérée. | Rémanents d'une coupe à blanc; peuplements à maturité et surâgés d'épinettes blanches, de sapins subalpins ou de sapins baumiers. |

| | Parterre forestier et couche organique | Combustibles de surface et étagés | Structure et composition des peuplements |
|---|---|---|---|
| S-3 | **Rémanents de thuyas, de pruches et de douglas côtiers** Couverture continue de mousse ou litière de vieilles aiguilles compactes sous les aiguilles fraîches des rémanents; couche organique compacte modérément profonde à profonde. | Couche continue de rémanents, grande rétention du feuillage (thuyas), modérée pour d'autres espèces; charge et profondeur élevées des rémanents; couverture arbustive et herbacée éparse à modérée. | Rémanents d'une coupe à blanc; peuplements à maturité et surâgés de thuyas, de pruches et de douglas taxifoliés. |

# Annexe 6.
# Longueur des flammes (m) Classe d'intensité de feu pour les feux de surface

| Classe d'intensité | | Longueur des flammes (m) |
|---|---|---|
| 1 | < 10 kW/m | < 0,2 |
| 2 | 10–500 | 0,2–1,4 |
| 3 | 500–2 000 | 1,4–2,6 |
| 4 | 2 000–4 000 | 2,6–3,5 |
| 5 | 4 000–10 000 | 3,5–5,3 |
| 6 | > 10 000 | > 5,3 |

| Hauteur des flammes (m) | Angle des flammes (°) | | | | | |
|---|---|---|---|---|---|---|
| | 90° | 75° | 60° | 45° | 30° | 15° |
| < 0,2 | < 0,2 (1) | 0,2 | 0,2 | 0,3 | 0,4 | 0,8 |
| 0,4 | 0,4 | 0,4 | 0,5 | 0,6 | 0,8 | 1,5 |
| 0,6 | 0,6 | 0,6 | 0,7 | 0,8 | 1,2 | 2,3 |
| 0,8 | 0,8 (2) | 0,8 | 0,9 | 1,1 | 1,6 | 3,1 |
| 1,0 | 1,0 | 1,0 | 1,2 | 1,4 | 2,0 | 3,9 |
| 1,2 | 1,2 | 1,2 | 1,4 | 1,7 | 2,4 | 4,6 |
| 1,4 | 1,4 | 1,4 | 1,6 | 2,0 | 2,8 | 5,4 |
| 1,6 | 1,6 (3) | 1,7 | 1,8 | 2,3 | 3,2 | 6,2 |
| 1,8 | 1,8 | 1,9 | 2,1 | 2,5 | 3,6 | 7,0 |
| 2,0 | 2,0 | 2,1 | 2,3 | 2,8 | 4,0 | 7,7 |
| 2,5 | 2,5 | 2,6 | 2,9 | 3,5 | 5,0 | 9,7 |
| 3,0 | 3,0 (4) | 3,1 | 3,5 | 4,2 | 6,0 | 11,6 |
| 3,5 | 3,5 | 3,6 | 4,0 | 4,9 | 7,0 | 13,5 |
| 4,0 | 4,0 | 4,1 | 4,6 | 5,7 | 8,0 | 15,5 |
| 4,5 | 4,5 (5) | 4,7 | 5,2 | 6,4 | 9,0 | 17,4 |
| 5,0 | 5,0 | 5,2 | 5,8 | 7,1 | 10,0 | 19,3 |
| 5,5 | 5,5 | 5,7 | 6,4 | 7,8 | 11,0 | 21,3 |
| 6,0 | 6,0 | 6,2 | 6,9 | 8,5 | 12,0 | 23,2 |
| 6,5 | 6,5 | 6,7 | 7,5 | 9,2 | 13,0 | 25,1 |
| 7,0 | 7,0 | 7,2 | 8,1 | 9,9 | 14,0 | 27,0 |
| 7,5 | 7,5 (6) | 7,8 | 8,7 | 10,6 | 15,0 | 29,0 |
| 8,0 | 8,0 | 8,3 | 9,2 | 11,3 | 16,0 | 30,9 |
| 8,5 | 8,5 | 8,8 | 9,8 | 12,0 | 17,0 | 32,8 |
| 9,0 | 9,0 | 9,3 | 10,4 | 12,7 | 18,0 | 34,8 |
| 9,5 | 9,5 | 9,8 | 11,0 | 13,4 | 19,0 | 36,7 |
| 10,0 | 10,0 | 10,4 | 11,5 | 14,1 | 20,0 | 38,6 |

Utilisez pour estimer la longueur des flammes et la classe d'intensité du feu à l'aide de la hauteur et de l'angle des flammes, ◯ = Classe d'intensité.

# Annexe 7.
# Descriptions du comportement du feu

| Classe d'intensité (kW/m) | Description du comportement du feu |
|---|---|
| **1** < 10 | Feu couvant ou feu de surface rampant.<br>Peu de flammes visibles.<br>Tisons et feux actifs s'éteignant d'eux-mêmes sauf lorsque l'IS ou l'ICD est élevé. |
| **2** 10–500 | Feu de surface peu ardent.<br>Dans les peuplements ayant une faible HBC, consumation possible d'une petite partie du feuillage de certains arbres. |
| **3** 500–2 000 | Feu de surface modérément ardent avec flammes basses et élevées.<br>Combustibles étagés (lichen et écailles d'écorce) consumés.<br>Flambées en chandelle isolées dans les peuplements ayant une faible HBC ou des combustibles étagés. |
| **4** 2 000–4 000 | Feu de surface très ardent avec flammes de hauteur moyenne à élevée.<br>Embrasement passif des cimes (flambées en chandelle isolées à abondantes) augmentant selon la quantité de combustibles étagés et l'abaissement de la HBC. |
| **5** 4 000–10 000 | Feu de surface extrêmement ardent ou feu de cimes avec abondance de flambées et feu de cimes continu dans les peuplements denses.<br>Flammes s'élevant du parterre forestier jusqu'au-dessus du couvert forestier.<br>Dissémination probable sur des distances courtes à moyennes. |
| **6** > 10 000 | Conflagration ou incendie démontrant un comportement extrême.<br>Feu de cimes continu dans les types de combustibles forestiers.<br>Grands murs de flamme.<br>Colonne de convection bourgeonnante.<br>Dissémination sur des distances moyennes à grandes.<br>Tourbillons de feu. |

# Exemple de fiche de travail sur la prévision du comportement du feu

| | | | | | | |
|---|---|---|---|---|---|---|
| 1 | Numéro du feu/Nom     Échantillon | | Date | 29.04.05 | Heure | 17 h 00 |
| 2 | Date et heure de la prévision   JJ/MM/AA   30.04.05 | | De | 13 h 00 | À | 14 h 00 |
| 3 | Point de prévision et type d'allumage | 1 AP | 2 AP | 3 AL | 4 AL | 5 AP |
| **Type de combustible** | | | | | | |
| 4 | Identifiant du type de combustible | CS.O.4 | MS.O.1 | DS.O.1 | SS.O.2 | OS.O.1a |
| 5 | Modificateurs (HBC; % C; % $S_{BM}$) | | 75:25 | | | |
| **Indice du combustible léger** | | | | | | |
| | ICL de la veille | | | | | |
| 6 | ICL journalier normal | 93 | 94 | 88 | 94 | 94 |
| 7 | ICL diurne ou horaire | 91 | 92 | 85 | 92 | 92 |
| 8 | Pente du terrain (%) | 0 | 15 | 10 | 50 (15) | 20 (P) |
| 9 | Exposition | S. O.[a] | N | E | S (E) | O (P) |
| 10 | ICL ajusté | 91 | 92 | 85 | 95 | 92 |
| **Vent et indice de propagation initiale** | | | | | | |
| 11 | Équivalent vitesse du vent de la pente (km/h) | 0 | 5 | 3 | 26 | 8 |
| 12 | Vitesse du vent à 10 m (km/h) | 23 | 15 | -3 | 5 | S.O.15 |
| 13 | Vitesse résultante du vent (km/h) | 23 | 20 | 0 | 31 | S.O.7 |
| 14 | IPI – à la tête/arrière | 16/2 | 16/2 | 2/2 | 41/2 | 8/4 |
| **Vitesse de propagation et intensité** | | | | | | |
| | IH de la veille | | | | | |
| | IH d'aujourd'hui | | | | | |
| | IS de la veille | | | | | |
| | IS d'aujourd'hui | | | | | |
| 15 | ICD ou degré de fanage (%) | 100 | 25 | 60 | 100 | 95 |
| 16 | $V_p$ à l'équilibre (m/min) – à la tête | 27 | 15 | 0,2 | 33 | 21 |
| 17 | – arrière | 2 | 0,9 | 0,2 | 0,6 | 9 |
| 18 | Classe d'intensité du feu – à la tête/arrière | 6/3 | 5/2 | 2/2 | 6/4 | 4/3 |
| 19 | Catégorie d'incendie – à la tête/arrière | CC/S | IC/S | S/S | S/S | S/S |
| 20 | FCC (%) – à la tête/arrière | 90/10 | 80/10 | S. O. | S. O. | S. O. |
| **Superficie du feu** | | | | | | |
| 21 | Temps écoulé (min) | 60 | 60 | 60 | 60 | 60 |
| 22 | Distance de propagation à la tête du feu (m) | 1362 | 757 | 12 | 1980 | 1077 |
| 23 | Distance de propagation à l'arrière du feu (m) | 103 | 46 | 12 | 36 | 482 |
| 24 | Distance de propagation totale (m) | 1465 | 803 | 24 | 2016 | 1539 |
| 25 | Superficie elliptique du feu (ha) | 62 | 20 | S. O. | S. O. | 72 |
| 26 | Périmètre elliptique du feu (m) | 3350 | 1830 | S. O. | S. O. | 3514 |
| 27 | Rapport L/l | 3,0 | 2,6 | S. O. | S. O. | 2,4 |
| 28 | Vitesse de croissance du périmètre (m/min) | 61 | 41 | S. O. | S. O. | 4,8 |

[a] S. O. = sans objet.

# Fiche de travail sur la prévision du comportement du feu

| | | | | | | |
|---|---|---|---|---|---|---|
| 1 | Numéro du feu/Nom     Échantillon | | | Date | Heure | |
| 2 | Date et heure de la prévision    **JJ/MM/AA** | | | De | À | |
| 3 | Point de prévision et type d'allumage | | | | | |
| | **Type de combustible** | | | | | |
| 4 | Identifiant du type de combustible | | | | | |
| 5 | Modificateurs (HBC; % C; % $S_{BM}$) | | | | | |
| | **Indice du combustible léger** | | | | | |
| | ICL de la veille | | | | | |
| 6 | ICL journalier normal | | | | | |
| 7 | ICL diurne ou horaire | | | | | |
| 8 | Pente du terrain (%) | | | | | |
| 9 | Exposition | | | | | |
| 10 | ICL ajusté | | | | | |
| | **Vent et indice de propagation initiale** | | | | | |
| 11 | Équivalent vitesse du vent de la pente (km/h) | | | | | |
| 12 | Vitesse du vent à 10 m (km/h) | | | | | |
| 13 | Vitesse résultante du vent (km/h) | | | | | |
| 14 | IPI – à la tête/arrière | | | | | |
| | **Vitesse de propagation et intensité** | | | | | |
| | IH de la veille | | | | | |
| | IH d'aujourd'hui | | | | | |
| | IS de la veille | | | | | |
| | IS d'aujourd'hui | | | | | |
| 15 | ICD ou degré de fanage (%) | | | | | |
| 16 | $V_p$ à l'équilibre (m/min) – à la tête | | | | | |
| 17 | – arrière | | | | | |
| 18 | Classe d'intensité du feu – à la tête/arrière | | | | | |
| 19 | Catégorie d'incendie – à la tête/arrière | | | | | |
| 20 | FCC (%) – à la tête/arrière | | | | | |
| | **Superficie du feu** | | | | | |
| 21 | Temps écoulé (min) | | | | | |
| 22 | Distance de propagation à la tête du feu (m) | | | | | |
| 23 | Distance de propagation à l'arrière du feu (m) | | | | | |
| 24 | Distance de propagation totale (m) | | | | | |
| 25 | Superficie elliptique du feu (ha) | | | | | |
| 26 | Périmètre elliptique du feu (m) | | | | | |
| 27 | Rapport L/l | | | | | |
| 28 | Vitesse de croissance du périmètre (m/min) | | | | | |

# Probabilité d'allumage persistant dans les forêts de pins tordus, de douglas taxifoliés et d'épinettes blanches/sapins subalpins

B.D. Lawson et G.N. Dalrymple
Réseau de recherche sur les feux de forêt
Service canadien des forêts
Centre de foresterie du Nord
1998

# Introduction

Des tableaux des probabilités d'allumage persistant sont présentés pour quatre types de combustibles forestiers de référence : pin tordu sec, pin tordu humide, épinette blanche–sapin subalpin et douglas taxifolié. Ces tableaux ont été dérivés d'équations de régression logistique appliquées à des centaines d'observations de feux par allumette ou de feux de camp à petite échelle faites près de Prince George et de 100 Mile House, en Colombie-Britannique (C.-B.), par les chercheurs du Service canadien des forêts (SCF). Les études sur le terrain ont été menées dans les années 1950 et 1960 dans le cadre des premières activités d'élaboration de la Méthode canadienne d'évaluation des dangers d'incendie de forêt, mais les données originales ont été analysées de nouveau avec les versions actuelles des indices de la Méthode canadienne de l'indice forêt-météo, comme les indicateurs des probabilités d'allumage.

# Dérivation des équations

Une description scientifique et technique exhaustive de l'élaboration des équations pour le pin tordu et l'épinette blanche–sapin subalpin est donnée dans Lawson et al. (1994a). En outre, ces équations sont représentées dans une affiche (Lawson et al., 1994b) sous forme de graphiques avec des photographies en couleur des types de forêt. Une application informatique (Lawson. Armitage et Dalrymple, 1996) relie ces mêmes équations à un nouveau programme d'indice du combustible léger diurne (Lawson, Armitage et Hopkins, 1996).

L'équation de la probabilité d'allumage persistant dans le douglas taxifolié utilisée pour produire le tableau 4 a été dérivée de l'analyse d'une série de données recueillies entre 1957 et 1959 près de 100 Mile House, en C.-B., par P.M. Paul, scientifique à la retraite du SCF. Le programme de feu d'essai réalisé à cet endroit a mené à la publication en 1965 de tableaux sur les dangers de feux de forêt pour Cariboo, en C.-B., alors que les sites à l'étude ont été décrits en détail dans des rapports d'étape annuels (Paul 1957, 1958 et 1959), desquels proviennent les données de la présente analyse et les photographies du site.

Les données pour le site BC-801 ont été obtenues d'une base de données nationale sur les feux d'essai menés au Canada entre 1931 et 1961 dans le cadre d'un programme du SCF visant à élaborer un tableau régional des dangers de feux de forêt, qui est à l'origine de la présente méthode nationale d'évaluation des dangers d'incendie de forêt. La base de données, qui comporte des données sur quelque 20 000 feux, a été révisée, fusionnée avec les indices de la version actuelle de la Méthode canadienne de l'incendie forêt-météo (IFM) et transférée en format informatique moderne, comme le décrivent Lynham et Martell (1989), et Lynham (1992).

# Analyse des données de 100 Mile House

L'analyse des données a suivi les mêmes étapes que celles décrites par Lawson et al. (1994a). Des neuf sites possibles, deux sites adéquats ont été choisis pour obtenir les caractéristiques du douglas taxifolié; en particulier, les types de forêt « D-1, sapin-herbe/mousse » (site 80104) et « D-4, sapin-herbe/aiguille » (site 80107) (photo de D-4 incluse avec le tableau 4). Les descriptions du site présentées par Paul (1957) sont incluses dans le présent rapport :

> **Site D1** – Douglas taxifolié de différents âges. Prédominance des grands sapins à maturité, mais abondance d'arbres immatures plus âgés (81 à 120 ans) avec une croissance de jeunes arbres bien établis dans le sous-étage . . .
> Parcelles de mousse entremêlées avec l'herbe, laquelle est omni-présente sauf sous les arbres . . .

> **Site D4** – Situé sur le versant sud-ouest de la crête à une élévation légèrement inférieure à celle du site D1, qui est situé sur une berne près du sommet. Bon boisement avec des sapins atteignant une très bonne taille, bien que plus petits que les arbres à maturité et immatures du site D1. Forte pousse de jeunes arbres, jusqu'à 4 pieds, et couverture de mousse sur une bonne partie du sol, avec de nombreuses parcelles d'aiguilles de sapin.

Paul (1957, 1958 et 1959) a signalé la progression du fanage de l'herbe tout au long de la saison des feux d'essai. Il a observé que le début du fanage avait débuté à la fin de mai 1957 (75 à 80 %), qu'il avait diminué à la mi-juillet (35 à 45 %) et qu'il avait augmenté de nouveau au cours de septembre pour atteindre environ 70 % à la fin du mois. Toutefois, en 1958 (été sec), le fanage de l'herbe atteignait de 75 à 85 % à la fin d'août. Le fanage de l'herbe n'a pu être analysé comme une variable indépendante dans le modèle, mais on pouvait supposer que les feux d'essai étaient habituellement menés lorsque l'herbe avait un degré de fanage d'au moins 50 %.

Avant d'analyser les données des feux d'essai pour les deux sites, on a calculé l'ICL et l'IPI diurnes pour chaque feu d'essai à l'aide du programme d'ICL diurne de Lawson, Armitage et Hoskins (1996) et la vitesse du vent à découvert à 10 m à midi consignée à la station météorologique affectée. Une variable binaire dépendante, l'allumage, a été établie comme étant « oui » si la surface brûlée par des feux d'allumette était supérieure à 0,30 pi$^2$ et « non », si la surface était de 0,30 pi$^2$ ou moins. Ce critère a été choisi arbitrairement après l'examen des données et leur comparaison avec les résultats d'une analyse distincte sur la catégorie de vigueur (en dossier, Centre de foresterie du Pacifique). Alors que le seuil pour la superficie brûlée par un allumage réussi était supérieur à la valeur de 0,05 pi$^2$ utilisée par Lawson et al. (1994a) pour les feux d'allumette dans le pin tordu, le feu dans les forêts de douglas taxifoliés se propageait plus rapidement, ces forêts étant dominées par les herbes.

La régression logistique a permis d'établir un modèle préliminaire d'allumage prévu avec un ajustement diurne de l'ICL, de l'IH, de l'IS, de l'IPI et de l'ICD. Les donnés de 391 feux d'allumette (aucun feu de camp) provenant des sites D-1 et D-4 étaient disponibles, les feux de D-1 ayant tous une superficie supérieure à 0 comparativement à 80 % pour ceux de D-4.

Une équation de régression logistique incluant l'IPI et l'ICD a produit les meilleurs résultats statistiques pour les deux variables indépendantes (l'ajout de l'IH a légèrement fait augmenter r$^2$ et les statistiques d'exactitude totale).

L'équation des probabilités d'allumage persistant dans le douglas taxifolié est représentée dans la figure 1, et le tableau 1 résume les résultats observés et prévus par décile et le degré global de précision de l'ajustement.

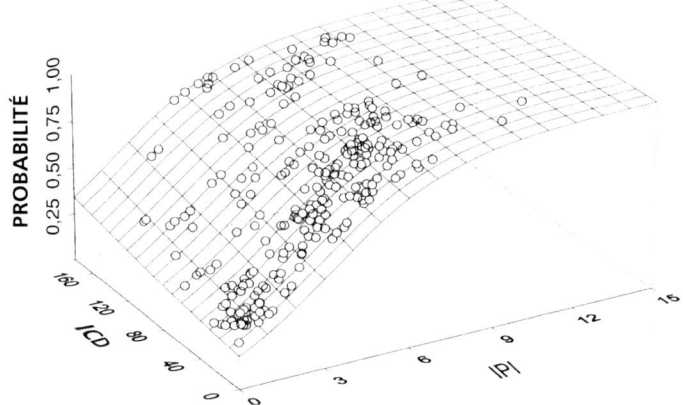

**Figure 1.** Probabilité d'allumage persistant par rapport à l'indice de propagation initiale (IPI) et à l'indice du combustible disponible (ICD) pour les forêts de douglas taxifoliés. Les points représentent les feux d'essai aux sites D-1 et D-4, à 100 Mile House, en C.-B.

**Tableau 1.** Statistiques de régression logistique : résultats observés (Ob.) et prédits (Pr.) par décile, degré global de précision de l'ajustement, et réussite de la prédiction avec le modèle pour les forêts de douglas taxifoliés

| P Limite supérieure | P Moy. | Feux totaux | Allumage | | Aucune allumage | |
|---|---|---|---|---|---|---|
| | | | Ob. | Pr. | Ob. | Pr. |
| 0,307 | 0,262 | 38 | 13 | 10,0 | 25 | 28,0 |
| 0,414 | 0,350 | 39 | 17 | 13,7 | 22 | 25,3 |
| 0,589 | 0,509 | 40 | 16 | 20,4 | 24 | 19,6 |
| 0,657 | 0,616 | 39 | 18 | 24,0 | 21 | 15,0 |
| 0,743 | 0,704 | 39 | 27 | 27,5 | 12 | 11,5 |
| 0,790 | 0,766 | 38 | 29 | 29,1 | 9 | 8,9 |
| 0,843 | 0,820 | 40 | 36 | 32,8 | 4 | 7,2 |
| 0,883 | 0,860 | 39 | 36 | 33,5 | 3 | 5,5 |
| 0,923 | 0,902 | 38 | 35 | 34,3 | 3 | 3,7 |
| 1,000 | 0,947 | 41 | 37 | 38,8 | 4 | 2,2 |
| | | 391 | | | | |

Remarque : $\chi^2$ (8d.l.) = 13,1; P = 0,106; et $R^2$ = 0,189.

**Prévisions réussies avec le modèle**

| | Allumage prédit | Aucune allumage prédit | Total |
|---|---|---|---|
| Allumage | 197,6 | 66,4 | 264 |
| Aucune allumage | 66,4 | 60,6 | 127 |
| | | | |
| Prévision totale | 264,0 | 127,0 | 391 |
| | | | |
| Proportion correcte | 0,749 | 0,477 | S. O.[a] |
| Total correct | 0,661 | S. O. | S. O. |
| Indice de réussite | 0,073 | 0,153 | S. O. |

[a]S. O. = sans objet.

Les quatre équations suivantes permettent de calculer les probabilités d'allumage présentées dans les tableaux 2 à 5 :

Pin tordu sec
$$P = 1/ (1 + \exp(2{,}107 - 0{,}727 \times IPI)). \ldots\ldots\ldots\ldots\ldots \text{(Tableau 2)}$$

Pin tordu humide
$$P = 1/ (1 + \exp(2{,}146 - 0{,}009 \times ICD - 0{,}349 \times IPI)). \ldots \text{(Tableau 3)}$$

Épinette blanche–sapin subalpin
$$P = 1/ (1 + \exp(2{,}766 - 0{,}005 \times IS - 0{,}396 \times IPI)) \ldots\ldots \text{(Tableau 4)}$$

Douglas taxifolié
$$P = 1/ (1 + \exp(1{,}563 - 0{,}005 \times ICD - 0{,}478 \times IPI)). \ldots \text{(Tableau 5)}$$

La probabilité d'allumage persistant n'est pas un extrant standard de la Méthode canadienne de prévision du comportement des incendies de forêt (PCI) (Forestry Canada Fire Danger Group, 1992), mais elle est incluse dans le présent rapport comme complément. Les utilisations possibles incluent l'évaluation de la probabilité des déclenchements ou de la propagation de feux afin de prévoir la position et l'état de préparation des équipes d'intervention initiale, et d'estimer les possibilités d'allumage de feux disséminés provenant de feux de forêt ou de brûlages dirigés. Les probabilités d'allumage décrites aux présentes visent la probabilité que l'allumage causé par de petits tisons, comme des allumettes ou des feux de camp, persistent avec une combustion accompagnée de flammes (pendant au moins deux minutes pour les allumettes et 15 minutes pour les feux de camp) et atteignent l'état seuil pour la propagation et la croissance du feu. Les feux de camp étaient nécessaires pour un allumage persistant dans les forêts d'épinettes blanches–sapins subalpins. Les feux d'allumette et de camp pouvaient tous les deux être une source d'incendie dans les autres types de forêts, selon les conditions de brûlage.

# Utilisation des tableaux

Les étapes suivantes indiquent comment utiliser les tableaux des probabilités d'allumage (les numéros de tableaux et d'annexes font référence à Taylor et al., 1996).

1. Sélectionnez le type de forêt le plus approprié ou une variante parmi les quatre types présentés.

   Une description détaillée et une photographie du type de forêt accompagnent chaque tableau. On doit s'attendre à des différences dans les probabilités d'allumage selon les variantes pour chaque type de combustible de la méthode PCI. Les forêts de pins tordus secs et humides peuvent être considérées comme des variantes de C-3 (pins gris ou pins tordus à maturité). Les forêts de douglas taxifoliés sont considérées comme des variantes de C-7 (pin ponderosa – douglas taxifolié). Les forêts d'épinettes blanches–sapins subalpins sont considérées comme une variante de C-2 (pressière boréale), comme le montre De Groot (1993).

2. Déterminez l'indice du combustible léger (ICL), la vitesse du vent à découvert à 10 m et l'indice de propagation initiale (IPI) les plus représentatifs pour la période d'intérêt.

   a) L'ICL horaire (Van Wagner, 1977) devrait être utilisé, s'il est disponible. Autrement, l'ICL diurne (tableaux A.1 – A.2, annexe 5) peut être utilisé pour toute période de la journée souhaitée. L'ICL établis peut être utilisé pour représenter les conditions du milieu de l'après-midi (16 h, HNL).

   b) La vitesse du vent à découvert à 10 m devrait être mesurée, prévue ou estimée avec l'échelle de Beaufort (annexe 4) pour la période d'intérêt.

   c) Pour les peuplements secs de pins tordus, entrez dans le tableau 1 l'ICL et la vitesse du vent à 10 m établie aux étapes 2a et 2b, ci-dessus.

   Pour les autres types de forêts ou des variantes, établissez l'IPI à l'aide du tableau 3, avec l'ICL et la vitesse du vent à découvert à 10 m établis aux étapes 2a et 2b, ci-dessus.

3. Établissez l'indice du combustible disponible (ICD) ou l'indice de sécheresse (IS) de la station météorologique la plus représentative, au besoin pour un type de forêt donné.

4. Dans le tableau des probabilités d'allumage pour le type de forêt d'intérêt, trouvez la valeur de la probabilité d'allumage (%) à l'intersection des deux valeurs d'intrant requises. Les catégories de probabilité d'allumage (faible, moyenne et élevée) ont un degré d'ombrage différent dans chaque tableau.

# Caractéristiques des peuplements secs de pins tordus

- Peuplements purs modérément denses de pins tordus à maturité;
- sous-étage de pins épars;
- sols sableux bien drainés, sites à faible productivité dominés par la mousse et le *Cladina* (lichen); classification biogéoclimatique SBSmk1/03 de la C.-B. habituelle;
- parterre forestier peu profond (3 à 5 cm), faible densité apparente;
- combustibles sur place – lichen, busserole (*Arctostaphylos uva-ursi*), mousse (*Pleurozium schreberi* et *Dicranum* spp.), litière d'aiguilles.

## Tableau 2
## Peuplements secs de pins tordus – probabilité d'allumage persistant (%) et classe d'allumage

Vitesse du vent à découvert à 10 m (km/h)

| ICL | 0 | 5 | 10 | 15 | 20 | 25 | 30 | 35 | 40 | 45 | ≥50 |
|---|---|---|---|---|---|---|---|---|---|---|---|
| 70 | 16 | 18 | 21 | 24 | 30 | 38 | 49 | 63 | 79 | 91 | 97 |
| 72 | 17 | 19 | 21 | 26 | 32 | 40 | 53 | 68 | 82 | 93 | 98 |
| 74 | 17 | 19 | 23 | 27 | 34 | 44 | 57 | 73 | 87 | 95 | 99 |
| 76 | 18 | 21 | 24 | 30 | 38 | 49 | 64 | 79 | 91 | 97 | 99 |
| 78 | 19 | 23 | 27 | 34 | 44 | 58 | 73 | 87 | 95 | 99 | 100 |
| 80 | 22 | 26 | 32 | 41 | 54 | 69 | 84 | 94 | 98 | 100 | 100 |
| 82 | 26 | 32 | 40 | 52 | 68 | 82 | 93 | 98 | 100 | 100 | 100 |
| 84 | 32 | 40 | 53 | 68 | 83 | 93 | 98 | 100 | 100 | 100 | 100 |
| 86 | 41 | 54 | 69 | 84 | 94 | 98 | 100 | 100 | 100 | 100 | 100 |
| 88 | 56 | 71 | 85 | 95 | 99 | 100 | 100 | 100 | 100 | 100 | 100 |
| 90 | 73 | 87 | 95 | 99 | 100 | 100 | 100 | 100 | 100 | 100 | 100 |
| 92 | 88 | 96 | 99 | 100 | 100 | 100 | 100 | 100 | 100 | 100 | 100 |
| 94 | 97 | 99 | 100 | 100 | 100 | 100 | 100 | 100 | 100 | 100 | 100 |
| 96 | 99 | 100 | 100 | 100 | 100 | 100 | 100 | 100 | 100 | 100 | 100 |
| ≥ 98 | 100 | 100 | 100 | 100 | 100 | 100 | 100 | 100 | 100 | 100 | 100 |

| Classe d'allumage | % de probabilité |
|---|---|
| Faible | 0–49 |
| Moyenne | 50–75 |
| Élevée | 76–100 |

# Caractéristiques des peuplements humides de pins tordus

- Peuplements mixtes bien boisés de pins tordus et de douglas taxifoliés à maturité;
- important sous-étage de pins tordus, de peupliers faux-trembles, d'épinettes blanches et de sapins subalpins;
- sols modérément bien drainés habituellement dérivés de dépôts glaciaires non stratifiés, site à productivité moyenne, *Cornus canadensis* (cornouiller du Canada), *Cladina* (lichen) épars, mousse et *Vaccinium membranaceum* (gaylussaquier à fruits bacciformes); classification biogéoclimatique SBSmk1/05 de la C.-B. habituelle;
- parterre forestier peu profond (3 à 5 cm), faible densité apparente;
- combustibles présents – mousse, litière d'aiguilles.

Tableau 3
# Peuplements humides de pins tordus – probabilité d'allumage persistant (%) et classe d'allumage

Indice du combustible disponible (ICD)

| IPI | 0–20 | 21–30 | 31–40 | 41–60 | 61–80 | 81–120 | 121–160 | 161–200 |
|---|---|---|---|---|---|---|---|---|
| 0,5 | 13 | 15 | 16 | 18 | 21 | 26 | 33 | 41 |
| 1 | 15 | 17 | 19 | 21 | 24 | 29 | 37 | 46 |
| 1,5 | 18 | 20 | 21 | 24 | 27 | 33 | 41 | 50 |
| 2 | 20 | 23 | 24 | 27 | 31 | 37 | 45 | 54 |
| 2,5 | 23 | 26 | 28 | 31 | 34 | 41 | 50 | 59 |
| 3 | 27 | 29 | 31 | 34 | 38 | 45 | 54 | 63 |
| 4 | 34 | 37 | 39 | 43 | 47 | 54 | 62 | 70 |
| 5 | 42 | 46 | 48 | 51 | 56 | 62 | 70 | 77 |
| 6 | 51 | 54 | 57 | 60 | 64 | 70 | 77 | 83 |
| 7 | 60 | 63 | 65 | 68 | 72 | 77 | 83 | 87 |
| 8 | 68 | 70 | 72 | 75 | 78 | 82 | 87 | 91 |
| 9 | 75 | 77 | 79 | 81 | 84 | 87 | 91 | 93 |
| 10 | 81 | 83 | 84 | 86 | 88 | 90 | 93 | 95 |
| 11 | 86 | 87 | 88 | 90 | 91 | 93 | 95 | 96 |
| 12 | 89 | 91 | 91 | 92 | 94 | 95 | 96 | 97 |
| 13 | 92 | 93 | 94 | 94 | 95 | 96 | 97 | 98 |
| 14 | 94 | 95 | 95 | 96 | 97 | 97 | 98 | 99 |
| 15 | 96 | 96 | 97 | 97 | 98 | 98 | 99 | 99 |
| 18 | 99 | 99 | 99 | 99 | 99 | 99 | 100 | 100 |

| Classe d'allumage | % de probabilité |
|---|---|
| Faible | 0–49 |
| Moyenne | 50–75 |
| Élevée | 76–100 |

# Caractéristiques des forêts d'épinettes blanches – sapins subalpins

- Peuplements mixtes modérément denses d'épinettes blanches (ou d'épinettes d'Engelmann) – sapins subalpins à maturité, avec des bouleaux et des douglas taxifoliés à maturité épars;
- important sous-étage de sapins subalpins;
- sols variant de sables loameux à de l'argile collant peu drainé à des sites modérément bien drainés à mal drainés; couches d'herbes et d'arbustes dominées par l'*Aralia nudicaulis* (sarsepareille), le *Gymnocarpium dryopteris* (gymnocarpe du chêne), le *Vaccinium* (bleuet) et le *Cornus* (cornouiller du Canada) spp., *l'Oplopanax horridum* (bois piquant) aux sites plus humides; parcelles de mousse; classifications biogéoclimatiques SBSmk1/07 (sec) et SBSmkl/08 (humide) de la C.-B. habituelles;
- parterre forestier modéré à profond (6 à 12 cm), densité apparente modérée à élevée;
- combustibles présents – litière, mousse.

Tableau 4

**Forêt d'épinettes blanches–sapins subalpins – probabilité d'allumage persistant (%) et classe d'allumage**

Indice de sécheresse (IS)

| IPI | 0–100 | 101–200 | 201–300 | 301–400 | 401–500 | 501–600 | 601–700 | 701–800 |
|-----|-------|---------|---------|---------|---------|---------|---------|---------|
| 0,5 | 9 | 14 | 21 | 31 | 42 | 55 | 66 | 77 |
| 1 | 11 | 17 | 25 | 35 | 47 | 59 | 71 | 80 |
| 1,5 | 13 | 19 | 28 | 40 | 52 | 64 | 75 | 83 |
| 2 | 15 | 23 | 33 | 44 | 57 | 68 | 78 | 86 |
| 2,5 | 18 | 26 | 37 | 49 | 62 | 73 | 81 | 88 |
| 3 | 21 | 30 | 42 | 54 | 66 | 76 | 84 | 90 |
| 4 | 28 | 39 | 52 | 64 | 74 | 83 | 89 | 93 |
| 5 | 37 | 49 | 61 | 72 | 81 | 88 | 92 | 95 |
| 6 | 47 | 59 | 70 | 80 | 87 | 91 | 95 | 97 |
| 7 | 56 | 68 | 78 | 85 | 91 | 94 | 96 | 98 |
| 8 | 66 | 76 | 84 | 90 | 93 | 96 | 97 | 98 |
| 9 | 74 | 82 | 89 | 93 | 95 | 97 | 98 | 99 |
| 10 | 81 | 87 | 92 | 95 | 97 | 98 | 99 | 99 |
| 11 | 86 | 91 | 94 | 97 | 98 | 99 | 99 | 100 |
| 12 | 90 | 94 | 96 | 98 | 99 | 99 | 99 | 100 |
| 13 | 93 | 96 | 97 | 98 | 99 | 99 | 100 | 100 |
| 14 | 95 | 97 | 98 | 99 | 99 | 100 | 100 | 100 |
| 15 | 97 | 98 | 99 | 99 | 100 | 100 | 100 | 100 |
| 18 | 99 | 99 | 100 | 100 | 100 | 100 | 100 | 100 |

| Classe d'allumage | % de probabilité |
|-------------------|------------------|
| Faible | 0–49 |
| Moyenne | 50–75 |
| Élevée | 76–100 |

# Caractéristiques des forêts de douglas taxifoliés

- Peuplements bien boisés de douglas taxifoliés de divers âges, y compris de grands arbres matures dans les étages supérieurs et beaucoup d'arbres dans le sous-étage;
- parterre forestier peu profond (moins de 3 cm);
- combustibles présents – couvert herbacé sauf sous les bouquets de sapins où prédominent la litière d'aiguilles et les parcelles de mousse. On présume que le degré de fanage de l'herbe est de plus de 50 % (morte), bien que le degré de fanage ne soit pas une variable utilisée dans le modèle des probabilités de combustion.

Tableau 5
# Douglas taxifolié – probabilité d'allumage persistant (%) et classe d'allumage

**Indice du combustible disponible (ICD)**

| IPI | 0–20 | 21–30 | 31–40 | 41–60 | 61–80 | 81–120 | 121–160 | 161–200 |
|-----|------|-------|-------|-------|-------|--------|---------|---------|
| 0,5 | 22 | 23 | 24 | 25 | 27 | 30 | 35 | 40 |
| 1 | 26 | 28 | 29 | 30 | 32 | 36 | 40 | 45 |
| 1,5 | 31 | 33 | 34 | 36 | 38 | 41 | 46 | 51 |
| 2 | 36 | 38 | 39 | 41 | 44 | 47 | 52 | 57 |
| 2,5 | 42 | 44 | 45 | 47 | 50 | 53 | 58 | 63 |
| 3 | 48 | 50 | 51 | 53 | 56 | 59 | 64 | 68 |
| 4 | 60 | 62 | 63 | 65 | 67 | 70 | 74 | 78 |
| 5 | 71 | 72 | 73 | 75 | 76 | 79 | 82 | 85 |
| 6 | 79 | 81 | 81 | 83 | 84 | 86 | 88 | 90 |
| 7 | 86 | 87 | 88 | 88 | 89 | 91 | 92 | 94 |
| 8 | 91 | 92 | 92 | 92 | 93 | 94 | 95 | 96 |
| 9 | 94 | 95 | 95 | 95 | 96 | 96 | 97 | 97 |
| 10 | 96 | 97 | 97 | 97 | 97 | 98 | 98 | 98 |
| 11 | 98 | 98 | 98 | 98 | 98 | 99 | 99 | 99 |
| 12 | 99 | 99 | 99 | 99 | 99 | 99 | 99 | 99 |
| 13 | 99 | 99 | 99 | 99 | 99 | 99 | 100 | 100 |
| 14 | 99 | 99 | 100 | 100 | 100 | 100 | 100 | 100 |
| 15 | 100 | 100 | 100 | 100 | 100 | 100 | 100 | 100 |

| Classe d'allumage | % de probabilité |
|-------------------|------------------|
| Faible | 0–49 |
| Moyenne | 50–75 |
| Élevée | 76–100 |

# Références

De Groot, W.J. 1993. Examples of fuel types in the Canadian Forest Fire Behavior Prediction (FBP) System. For. Can., Northwest Reg., North For. Cent., Edmonton, Alberta. Affiche (avec texte). Cette publication est disponible en français sous le titre Exemples de combustibles de la méthode canadienne de prévision du comportement des incendies de forêt (PCI). [Affiche avec texte].

Forestry Canada Fire Danger Group. 1992. Development and structure of the Canadian Forest Fire Behavior Prediction System. For. Can., Sci. Sustainable Dev. Dir., Ottawa, Ontario, Inf. Rep. ST-X-3. Cette publication est disponible en français sous le titre Élaboration et structure de la Méthode canadienne de prévision du comportement des incendies de forêt (Rapport d'information ST-X-3F).

Lawson, B.D.; Armitage, O.B.; Dalrymple, G.N. 1994a. Ignition probabilities for simulated people-caused fires in B.C.'s lodgepole pine and white spruce–subalpine fir forests. [Probabilités d'allumage selon les simulations d'incendies d'origine anthropique dans les peuplements de pin tordu et d'épinette blanche – sapinières subalpines de la C.-B.] Pages 493–505 dans Proc. 12th Conf. Fire For. Meteorol.; Octobre 26–29, 1993, Jekyll Island, Georgia. Soc. Am. For., Bethesda, Maryland, SAF Publ. 94-02.

Lawson, B.D.; Armitage, O.B.; Dalrymple, G.N. 1994b. Ignition probabilities for lodgepole pine and spruce–subalpine fir forests. [Probabilités d'allumage dans les peuplements de pin tordu et d'épinette–sapin subalpin.] Nat. Resour. Can., Can. For. Serv., Pac. For. Cent., Victoria, British Columbia and B.C. Minist. For., Res. Branch, Victoria, British Columbia. Canada–British Columbia Partnership Agreement on Forest Resource Development: FRDA II, FRDA. Affiche (avec texte).

Lawson, B.D.; Armitage, O.B.; Dalrymple, G.N. 1996. Wildfire Ignition Probability Predictor (WIPP). [Prédiction des probabilités d'allumage d'incendies de forêt (PPAI).] R&D Update. Nat. Resour. Can., Can. For. Serv., Pac. Yukon Reg., Pac. For. Cent., Victoria, British Columbia.

Lawson, B.D.; Armitage, O.B.; Hoskins, W.D. 1996. Diurnal variation in the Fine Fuel Moisture Code: tables and computer source code. [Variation diurne de l'indice du combustible léger : Tableaux et code source informatique.] Nat.

Resour. Can., Can. For. Serv., Pac. For. Cent., Victoria, British Columbia and B.C. Minist. For., Res. Branch, Victoria, British Columbia. Canada–British Columbia Partnership Agreement on Forest Resource Development, FRDA II, FRDA Rep. 245.

Lynham, T.J.; Martell, D.L. 1989. Preliminary report on a national database of experimental fires in Canada. [Rapport préliminaire sur la banque de données nationale d'incendies expérimentaux au Canada.] Pages 41–44 dans Proc. Natl. Workshop on forest fire occurrence prediction, Mai 3–4, 1989, Winnipeg, Manitoba.

Lynham, T.J. 1992. Summary of data manipulations to Forestry Canada's 20 000 test-fire data base for addition of Canadian FWI values. [Résumé des manipulations de données effectuées dans la banque de données de 20 000 incendies expérimentaux de Foresterie Canada en vue de l'ajout des valeurs de la Méthode canadienne de l'IFM.] For. Can., Ont. Reg., Great Lakes For. Cent., GLFC, Sault Ste. Marie, Ontario. File rep.

Paul, P.M. 1957, 1958, 1959. Progress report on forest fire research, 100 Mile House, B.C. [Rapport provisoire sur les recherches sur les incendies de forêt, 100 Mile House, C-B.] Can. For. Serv., For. Fire Res. Inst., Ottawa, Ontario, File 668.

Taylor, S.W.; Pike, R.G.; Alexander, M.E. 1997. Field guide to the Canadian Forest Fire Behavior Prediction (FBP) System. [Guide de la méthode canadienne de prévision du comportement des incendies de forêt (PCI).] Nat. Resour. Can., Can. For. Serv., North. For. Cent., Edmonton, Alberta. Spec. Rep. 11.

Van Wagner, C.E. 1977. A method of computing fine fuel moisture content throughout the diurnal cycle. [Méthode de calcul de la teneur en eau du combustible léger tout au long du cycle diurne.] Fish. Environ. Can., Can. For. Serv., Petawawa For. Exp. Stn., Chalk River, Ontario. Inf. Rep. PS-X-69.

# Remerciements

Les auteurs remercient Marty Alexander, du SCF, à Edmonton, pour avoir proposé la présentation en tableaux des équations de régression logistique pour les probabilités d'allumage afin de compléter l'affiche et les graphiques existants et les applications informatiques, et pour avoir examiné le rapport. Steve Taylor, SCF, Victoria, et Judi Beck, British Columbia Forest Service Protection Program, ont également effectué des examens exhaustifs et utiles. Tim Lynham, SCF, Sault Ste. Marie, a procuré la série de données nationales informatisées desquelles les données de 100 Mile House sur le douglas taxifolié ont été extraites aux fins d'analyse. Jim Andrews et Robin Pike, étudiants du programme d'alternance travail-étude de l'Université de Victoria, ont analysé les données.

Lawson, B.C.; Dalrymple, G.N. 1998. Probabilities of sustained ignition in lodgepole pine, interior Douglas-fir and white spruce–subalpine fir forest types. [Probabilités d'allumage persistant dans les peuplements de pin tordu, douglas taxifolié et d'épinette blanche – sapinières subalpines.] Nat. Resour. Can., Can. For. Serv., North. For. Cent., Edmonton, Alberta. Forest Manage. Note.